职业教育工业设计专业（产品结构设计方向）系列教材

产品零件测绘

CHANPIN LINGJIAN CEHUI

伍平平◎主编

周可爱　梁廷波　张競龙　陈泽群◎副主编

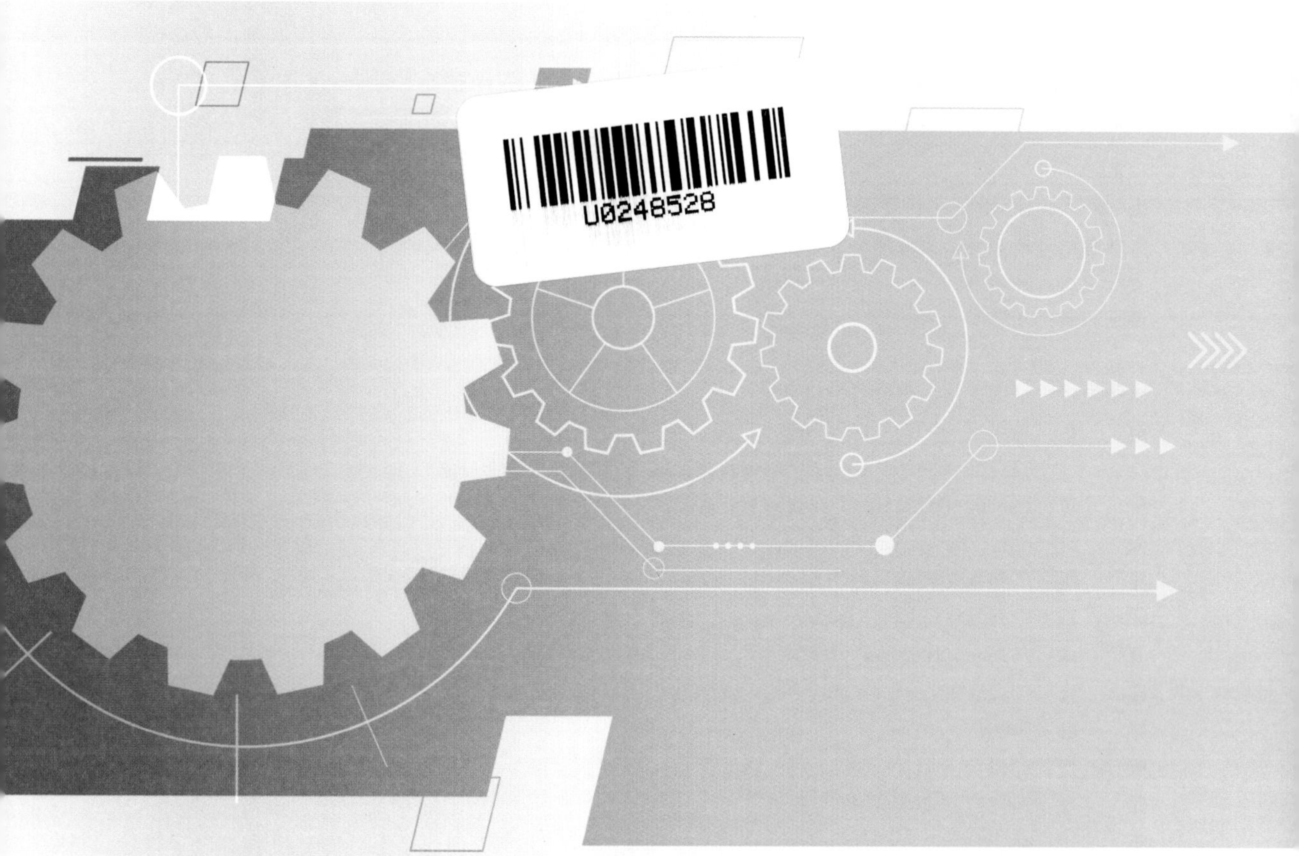

中国·广州

图书在版编目（CIP）数据

产品零件测绘/伍平平主编；周可爱，梁廷波，张競龙，陈泽群副主编．—广州：暨南大学出版社，2018.8
职业教育工业设计专业（产品结构设计方向）系列教材
ISBN 978－7－5668－2443－1

Ⅰ.①产…　Ⅱ.①伍…②周…③梁…④张…⑤陈…　Ⅲ.①机械元件—测绘—高等职业教育—教材　Ⅳ.①TH13

中国版本图书馆CIP数据核字（2018）第177426号

产品零件测绘

CHANPIN LINGJIAN CEHUI

主编：伍平平　副主编：周可爱　梁廷波　张競龙　陈泽群

出 版 人：徐义雄
责任编辑：黄文科　黄海燕
责任校对：陈皓琳
责任印制：汤慧君　周一丹

出版发行：暨南大学出版社（510630）
电　　话：总编室（8620）85221601
营销部（8620）85225284　85228291　85228292（邮购）
传　　真：（8620）85221583（办公室）　85223774（营销部）
网　　址：http://www.jnupress.com
排　　版：广州尚文数码科技有限公司
印　　刷：广州家联印刷有限公司
开　　本：787mm×1092mm　1/16
印　　张：10.75
字　　数：240千
版　　次：2018年8月第1版
印　　次：2018年8月第1次
定　　价：48.00元

前　言

本书中的产品零件是指生产企业提交给设计部门或设计公司，需要进行改良和逆向开发的产品零部件。按产品零件形状特征一般分为轴类零件、盘类零件、叉架类零件、箱壳类零件等。企业在对产品进行改良或开发过程中对于一些关键零件技术缺乏开发经验，需要参考国内外先进的技术，工程师会收集一些先进产品进行拆解，提取关键零件进行测绘分析，收集数据后再进行逆向开发。另外，若产品中某些关键部件的图纸遗失，也需要通过对该零部件进行测绘重新制作标准化图纸。从开发部经理处接到开发任务后，工程师对样品进行分析，利用工具（如游标卡尺、圆角规、游标角度尺、千分尺等）测量出产品的实际尺寸，通过手绘草图记录，然后将测量出来的数据利用 AutoCAD 软件进行基本视图绘制、标注尺寸，明确公差等级、装配关系、表面处理等技术要求，最终绘制成标准化工程图并提交开发部经理审核。绘制零件工程图过程中遵守机械制图标准 GB/T 4457. 4—2002 和企业内部标准。

本书共有四个学习任务：轴类零件测绘、盘类零件测绘、叉架类零件测绘、整机测绘，其中整机测绘中的零件有箱壳类零件。每个学习任务均由企业实际工作任务开发而来，将企业的实际工作过程转化为学习过程，包含明确任务、制订工作计划、测绘零件、成果审核及总结评价等环节。本书可作为技工院校和职业院校工业设计、数控技术应用、模具设计与制造、机电一体化等专业的专业基础课教材。

编　者

2018 年 5 月

目 录

CONTENTS

前 言 …… 1

学习任务一 轴类零件测绘 …… 1

学习活动 1 明确任务 …… 3

学习活动 2 制订工作计划 …… 5

学习活动 3 测绘轴类零件 …… 7

学习活动 4 成果审核及总结评价 …… 71

学习任务二 盘类零件测绘 …… 73

学习活动 1 明确任务 …… 75

学习活动 2 制订工作计划 …… 77

学习活动 3 测绘齿轮零件 …… 78

学习活动 4 成果审核及总结评价 …… 104

学习任务三 叉架类零件测绘 …… 107

学习活动 1 明确任务 …… 109

学习活动 2 制订工作计划 …… 111

学习活动 3 测绘叉架类零件 …… 113

学习活动 4 成果审核及总结评价 …… 130

学习任务四 整机测绘 …… 132

学习活动 1 接受测绘任务，明确任务要求 …… 134

学习活动 2　制订工作计划 …… 136
学习活动 3　测绘整机 …… 137
学习活动 4　成果审核及总结评价 …… 149

附　录 …… 151
附录 1　标准公差数值（摘自 GB /T 1800. 1—2009） …… 151
附录 2　轴的基本偏差数值 …… 152
附录 3　孔的基本偏差数值 …… 158
附录 4　尺寸≤500 mm 轴一般、常用、优先公差带 …… 164
附录 5　尺寸≤500 mm 孔一般、常用、优先公差带 …… 164
附录 6　标准公差等级的应用 …… 165
附录 7　公差等级的应用范围 …… 165

轴类零件测绘

学习目标

（1）通过阅读任务书，明确任务完成时间和资料提交要求，通过查阅资料明确轴类零件的含义、几何特征、零件图样。通过查阅技术资料或咨询教师进一步明确任务要求中不懂的专业技术指标，最终在任务书中签字确认。

（2）能够分解测绘轴类零件的工作内容及工作步骤，并能制订出测绘轴类零件的工作计划表。

（3）能够正确识别工具箱中各种类型的工具，明确各工具的使用场合，并能汇总工具箱中所有工具的名称、功能、使用场合以及注意事项等。

（4）通过阅读产品说明书、观察产品结构等方式能够讲述产品的功能原理，并能制订出产品的拆解方案。

（5）能够根据产品的结构特征分模块进行拆解，能绘制出轴类零件结构示意图，并能分析轴类零件的用途、结构特点等。

（6）能够正确使用各种测量工具，能针对不同的零件结构特征选择合适的测量工具进行测量，并能正确读数。

（7）能够根据轴类零件的结构特点选择合适的视图表达方案，并能徒手绘图以及根据国家制图标准利用尺规绘制轴类零件的零件工程图。

（8）能够查阅资料对轴类零件进行尺寸分析，并能准确全面地标注尺寸。

（9）能够熟练使用计算机绘图软件 AutoCAD 的各项命令，并能利用 AutoCAD 软件绘制轴类零件的零件工程图。

（10）展示汇报轴类零件测绘的成果，能够根据评价标准进行自检，并能审核他人成果以及提出修改意见。

建议学时

36 学时

工作情境描述

某家电厂要开发设计新型和面机，设计人员首先要对市场上畅销的和面机结构、外观、性能、成本等做对比分析，为后续设计开发提供可参照数据。其中对和面机动力传动轴类零件的测绘是一项关键性工作，该项工作的失误将导致开发工作的不必要返工，甚至影响新产品的竞争力。该类轴的测绘技术相对简单，但几何特征测量及零件图样绘制工作有严格的规范标准，需要专注、细心，并须通过授权人员审核方可通过。我院产业系与该产业群有密切的合作关系，该企业的技术人员咨询我校能否安排在校生帮助他们完成该项简单、量大但重要的工作。教师团队认为大家在教师的指导下，通过学习相关内容，应用学院现有量具及绘图工具完全可以胜任。企业提供了和面机样品，希望我们能在样品到货三周内完成所有样品中传动轴类零件的测绘，绘制的图纸须由专业教师审核签字，提交企业打印版及电子版图纸。优秀作品在学业成果展中展示，并由企业为获得优秀作品的学生提供现场参观机会作为奖励。

工作流程与活动

明确任务（1 学时）
制订工作计划（1 学时）
测绘轴类零件（32 学时）
成果审核及总结评价（2 学时）

学习活动 1 明确任务

学习目标

通过阅读任务书，明确任务完成时间和资料提交要求，通过查阅资料明确轴类零件的含义、几何特征、零件图样。通过查阅技术资料或咨询教师进一步明确任务要求中不懂的专业技术指标，最终在任务书中签字确认。

建议学时

1 学时

学习过程

表 1－1　任务书

<table>
<tr><td colspan="2">单号：　　　　　　　开单部门：　　　　　　　开单人：
开单时间：　　　年　　月　　日　　时　　分
接单部门：工程部结构设计组</td></tr>
<tr><td>任务概述</td><td>某家电厂要开发设计新型和面机，设计人员首先要对市场上畅销的和面机结构、外观、性能、成本等做对比分析，为后续设计开发提供可参照数据。其中对和面机动力传动轴类零件的测绘是一项关键性工作，该项工作的失误将导致开发工作不必要的返工，甚至影响新产品的竞争力。该类轴的测绘技术相对简单，但几何特征测量及零件图样绘制工作有严格的规范标准，需要专注、细心，并须通过授权人员审核方可通过。我院产业系与该产业群有密切的合作关系，该企业的技术人员咨询我校能否安排在校生帮助他们完成该项简单、量大但重要的工作。教师团队认为大家在教师的指导下，通过学习相关内容，应用学院现有量具及绘图工具完全可以胜任。企业提供了和面机样品，希望我们能在样品到货三周内完成所有样品中传动轴类零件的测绘，绘制的图纸须由专业教师审核签字，提交企业打印版及电子版图纸。优秀作品在学业成果展中展示，并由企业为获得优秀作品的学生提供现场参观机会作为奖励</td></tr>
<tr><td>提供的产品以及工具</td><td>和面机一台（内含说明书）
工具箱一套
游标卡尺一把，千分尺，R 规一套，粗糙度比较样块一套</td></tr>
<tr><td>任务完成时间</td><td></td></tr>
<tr><td>接单人</td><td>（签名）　　　　　　　　　年　　月　　日</td></tr>
</table>

（1）阅读任务书。

独立阅读工作页中的任务书，明确任务完成时间和资料提交要求，包括轴类零件的测绘、提交打印版及电子版的零件图纸。用荧光笔在任务书中画出关键词，并记录关键词，对整个任务书理解无误后在任务书中签字。

（2）区分零件、机构、机器的含义。

（3）简述轴类零件的含义。

（4）简述零件测绘的含义。

（5）简述解释零件图的含义。

学习活动 2 制订工作计划

学习目标

能够分解测绘轴类零件的工作内容及工作步骤，并能制订出测绘轴类零件的工作计划表。

建议学时

1 学时

学习过程

（1）分解测绘轴类零件的工作内容及工作步骤，修订轴类零件测绘工作计划表中的内容。

（2）明确小组内人员分工及职责，并将小组人员分工安排填写在工作计划表中。

（3）估算阶段性工作时间及具体日期安排，并将计划时间填写在工作计划表中，并在工作过程中记录实际工作时间。

表 1－2 轴类零件测绘工作计划表

序号	工作步骤	资源准备	工作要求	人员分工	时间安排	
					计划	实际
1	了解产品功能及整体结构	和面机样品、手机、产品说明书				
2	制订拆解方案	和面机样品、手机、零件清单	步骤安排合理			
3	拆解样品提取轴类零件	和面机样品、拆解工具套装	图片清晰、记录完整、合理使用拆解工具、8S 现场管理			
4	徒手绘制轴类零件视图	轴、坐标纸、铅笔、橡皮擦	视图表达完整			
5	轴类零件尺寸记录	轴、游标卡尺、千分尺、R 规、粗糙度比较样块	测量工具使用正确、尺寸标注准确			

（续上表）

序号	工作步骤	资源准备	工作要求	人员分工	时间安排	
					计划	实际
6	尺规绘制零件工程图	轴、绘图工具、徒手绘制的图纸	线型选择合理、图线粗细分明、视图布局合理、尺寸标注规范、字体编写工整、标题栏填写完整、卷面整洁			
7	计算机 AutoCAD 软件绘制零件工程图	手工绘制的图纸、计算机、投影、AutoCAD 软件、打印机、A4 纸	图形绘制完整，尺寸标注规范、完整；技术要求编写合理；标题栏填写完整			

学习活动 3 测绘轴类零件

学习目标

（1）能够正确识别工具箱中各种类型的工具，明确各工具的使用场合，并能汇总工具箱中所有工具的名称、功能、使用场合以及注意事项等。

（2）通过阅读产品说明书、观察产品结构等方式能够讲述产品的功能原理，并能制订出产品的拆解方案。

（3）能够根据产品的结构特征分模块进行拆解，能绘制出轴类零件结构示意图，并能分析轴类零件的用途、结构特点等。

（4）能够正确使用各种测量工具，能针对不同的零件结构特征选择合适的测量工具进行测量，并能正确读数。

（5）能够根据轴类零件的结构特点选择合适的视图表达方案，并能徒手绘图以及根据国家制图标准利用尺规绘制轴类零件的零件工程图。

（6）能够查阅资料对轴类零件进行尺寸分析，并能准确、全面地标注尺寸。

（7）能够熟练使用计算机绘图软件 AutoCAD 的各项命令，并能利用 AutoCAD 软件绘制轴类零件的零件工程图。

建议学时

32 学时

学习过程

一、工作现场准备

将需要用到的各工具名称、功能、使用注意事项等信息汇总（见表 1 -3）。

表 1－3 工具汇总

序号	工具名称	功能	使用注意事项
1	锤子 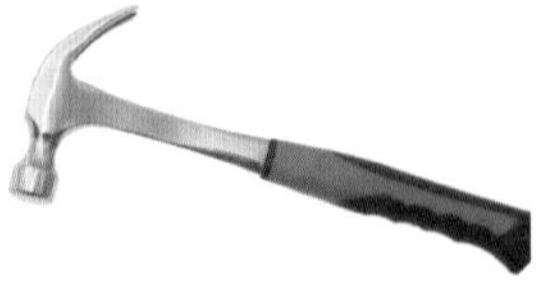		
2	钢丝钳 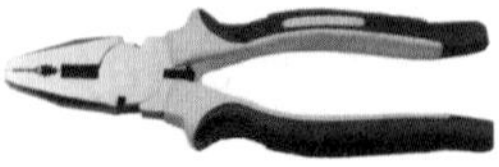		
3	活动扳手 		
4	尖嘴钳 		
5	精密螺丝刀 		
6	十字、一字头螺丝刀 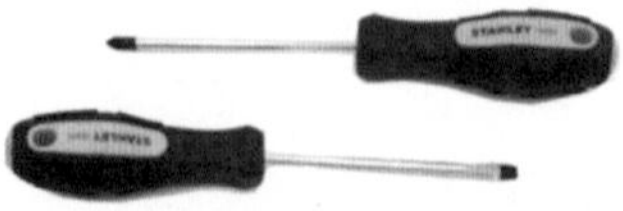		

二、制订拆解方案

根据产品结构制订拆解方案，如表 1－4 所示。

表 1－4　产品拆解方案

拆解步骤	零件名称	零件数量	零件材料	拆解工具	备注
1					
2					
3					
4					
5					
6					
7					
8					
9					
10					
11					
12					
13					

三、拆解样品提取轴类零件

1. 拆解样品

根据功能的不同，一台完整的机器可以拆分为四个部分。

（1）动力部分：把其他类型的能量转换为机械能，以驱动机器各部件运作。

（2）执行部分：直接完成机器工作任务，处于整个传动装置的终端，其结构形式取决于机器的用途。

（3）传动部分：将原动机的运动和动力传递给执行部分的中间环节。

（4）控制部分：包括自动检测部分和自动控制部分，其作用是显示及反映机器的运行位置和状态，控制机器正常运行和工作。

在图 1－1 中相应位置填写洗衣机的四个组成部分。

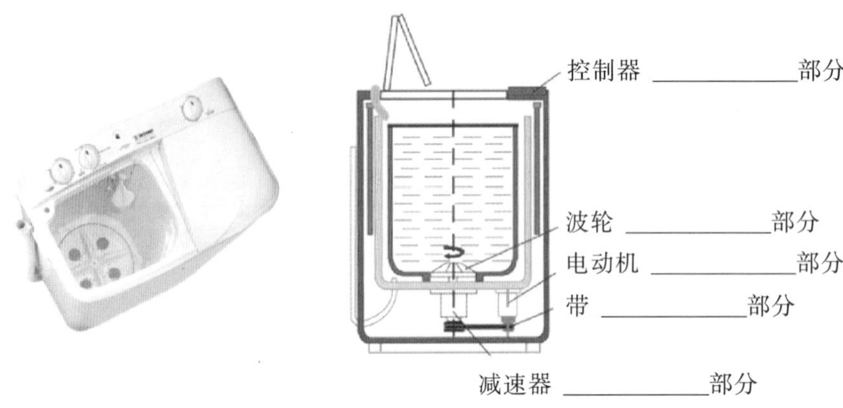

图 1-1　洗衣机的组成部分

2. 减速器的功用与类型

(1) 减速器的功用。

轴类零件常存在于减速器中。减速器是把________与________连接起来，通过不同齿形和齿数的齿轮以不同级数传动，实现定传动比减速（或增速）的机械传动装置。

(2) 减速器的类型。

1) 按传动类型可分为：齿轮减速器、________减速器和________减速器等。

2) 按传动级数可分为：单级减速器和________减速器。

3) 按轴在空间的相对位置可分为：卧式减速器和________减速器。

4) 按传动布置方式可分为：展开式、________、________等。

3. 减速器的结构

减速器的结构基本由________、________、________、轴承部件、润滑密封装置及减速器附件等组成。

4. 机器拆装的注意事项

(1) 拆卸前要仔细观察零部件的结构及位置，考虑好拆装顺序，拆下的零部件要统一放在盘中，以免丢失和损坏。

(2) 拆卸后的物件要成套放好，不要直接放在地上。

(3) 装轴承时不得用锤子直接打在轴承上。

(4) 在用扳手拧紧或松开螺栓螺母时按一定顺序（装：从里到外成对角；拆：从外到里成对角）逐步（分 2~3 次）拆卸或拧紧。

(5) 爱护工具、仪器及设备，小心仔细拆装，避免损坏。

(6) 实施过程遵守 6S 管理。

5. 轴的结构及作用

(1) 认识轴的结构及作用，并在图 1-2 中相应位置填写结构名称。

(2) 传动零件必须被支承起来才能进行工作。支承传动件的零件称为__________。

(3) 用于装配轴承的部分称为轴颈；装配回转零件（如带轮、齿轮）的部分称为轴头；连接轴头与轴颈的部分称为轴身；轴上截面尺寸变化的部分称为轴肩或轴环。

（4）轴是组成机器的重要零件之一，主要功用是支承回转零件（如齿轮、带轮等）、传递运动和动力。

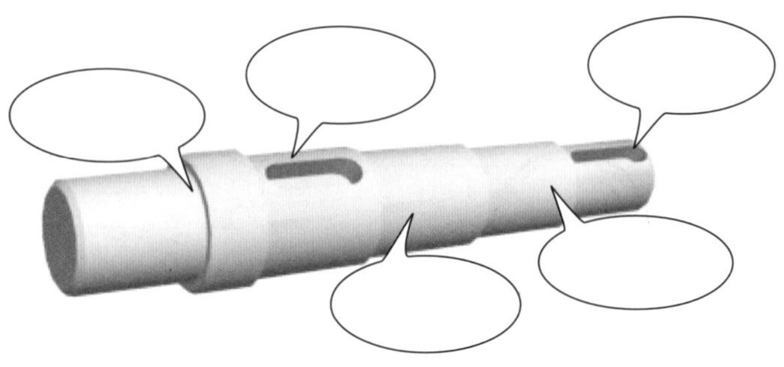

图 1－2　轴的结构

6．轴的种类

（1）按轴线的形状，可将轴分为直轴、曲轴、挠性钢丝轴。请将轴的名称填写在相应的图片下方。

曲轴常用于将主动件的回转运动转变为从动件的直线往复运动或将主动件的直线往复运动转变为从动件的回转运动

图 1－3

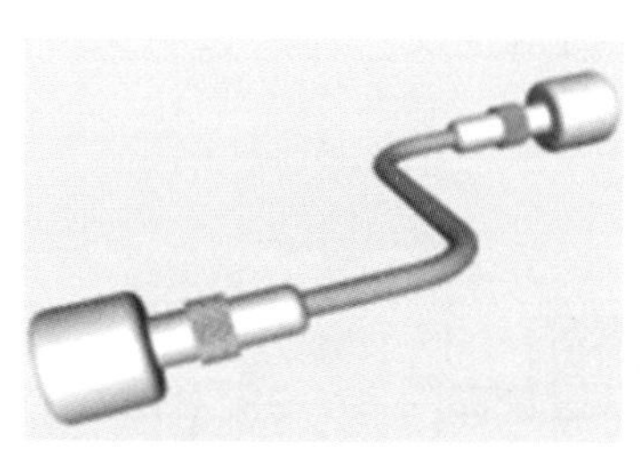

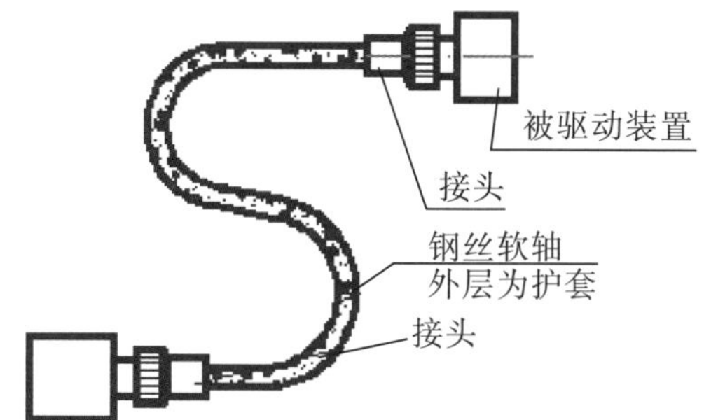

图 1－4

图 1－5

（2）按轴的作用，可将轴分为心轴、传动轴和转轴。

1）心轴：工作时起支承作用，只承受________，而不传递动力。如自行车的前轮轴（固定心轴）、铁路机车轮轴（旋转心轴）。

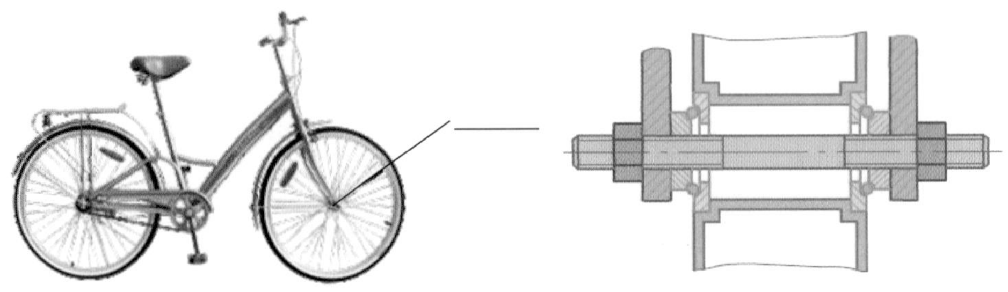

图1－6　心轴

2）传动轴：主要用于传递动力，只承受________，而不承受________，或承受弯矩很小的轴。如汽车中连接变速箱与后桥之间的轴。

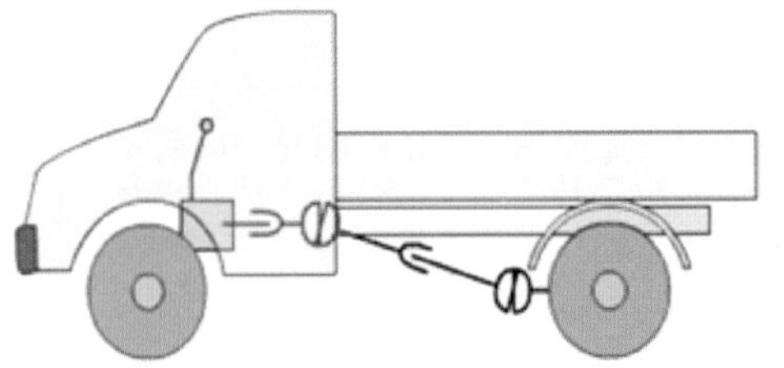

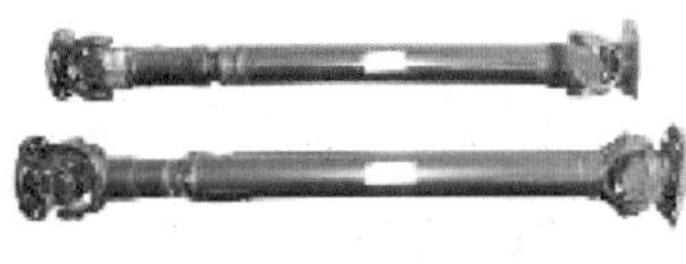

图1－7　传动轴

3）转轴：机器中最常见的轴，通常简称为轴。工作时既承受______又承受______，既起支承作用又起传递动力作用。如减速器传动轴。

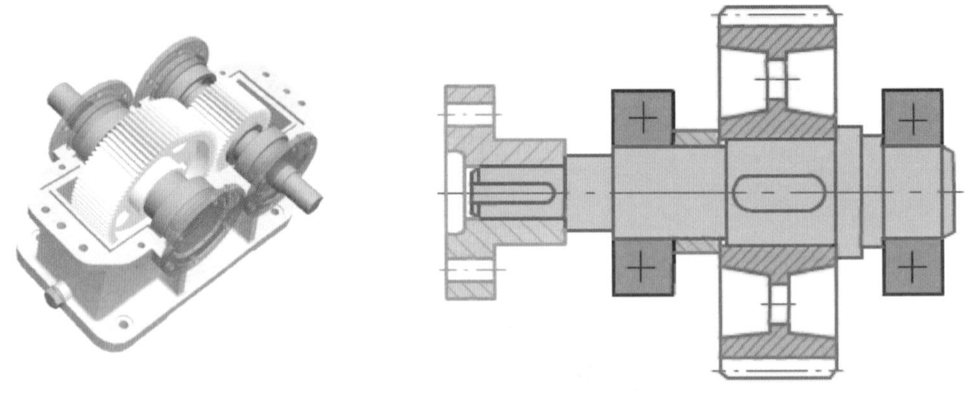

图1－8　转轴

7．轴上零件的结构和形状

轴的结构应满足以下三个方面的要求：①轴上零件要有可靠的周向固定和轴向固定；②便于加工，并尽量避免或减小应力集中；③便于轴上零件的安装与拆卸。

参考图 1 –9 分析轴上零件的结构和形状。

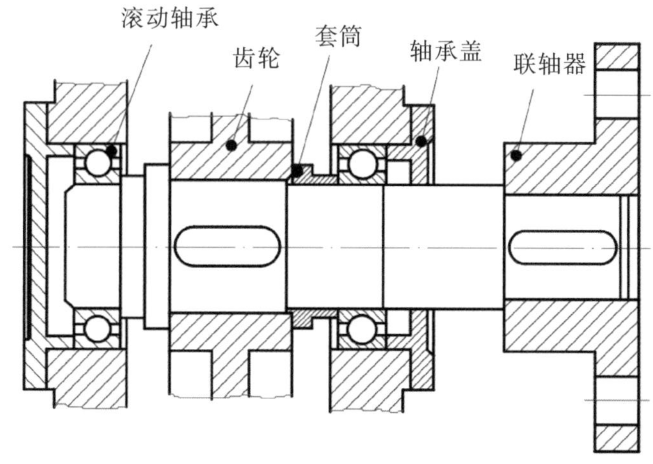

图 1 –9　轴上零件

（1）滚动轴承的画法。

滚动轴承是用作支承旋转轴和承受轴上载荷的标准件。它具有结构紧凑、摩擦阻力小等优点，因此得到广泛应用。在工程设计中无须单独画出滚动轴承的图样，而是根据国家标准中规定的代号进行选用。滚动轴承的种类很多，但其结构大体相同，一般由内圈、外圈、滚动体和隔离圈组成。如图 1 –10 所示。

图 1 –10　滚动轴承

滚动轴承无须画出零件图。滚动轴承在装配图中有两种表示法：简化画法（含特征画法和通用画法）以及规定画法。滚动轴承根据受力情况不同分为三类：向心轴承、推力轴承和向心推力轴承。常用的滚动轴承的规定画法和特征画法见表 1 –5。

表 1－5　常用滚动轴承的型式、规定画法和特征画法

轴承名称、类型及标准编号	类型代号	规定画法	特征画法	应用及标记
深沟球轴承 60000 型 GB/T 276—1994	6	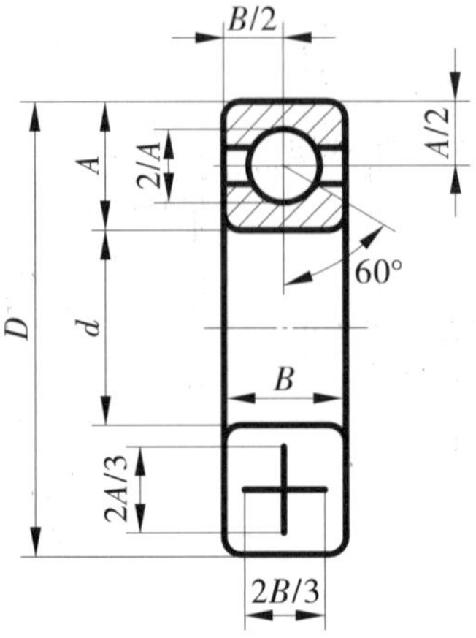	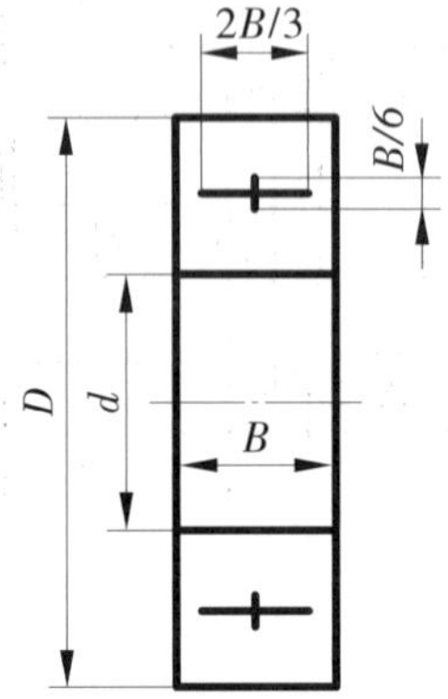	应用：主要承受径向力 标记：滚动轴承 6206 GB/T 276—1994
圆锥滚子轴承 30000 型 GB/T 297—1994	3	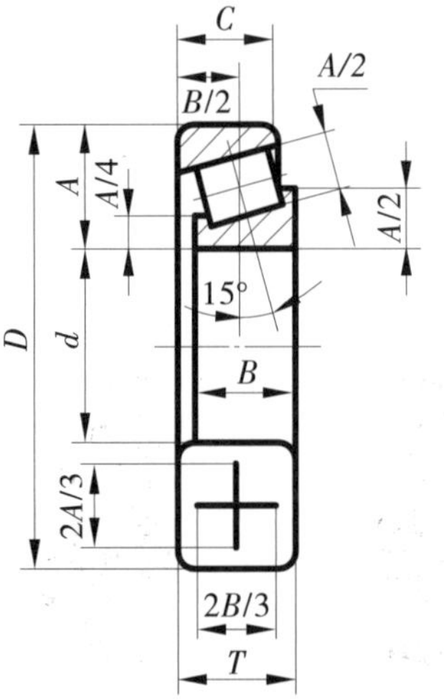	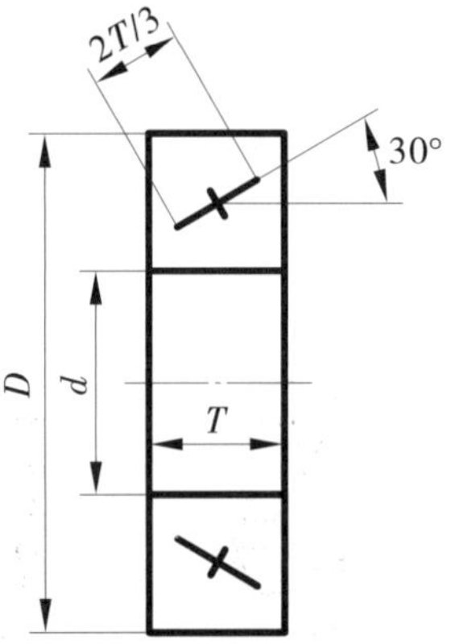	应用：可同时承受径向力和轴向力 标记：滚动轴承 30205 GB/T 297—1994
推力球轴承 50000 型 GB/T 301—1995	5	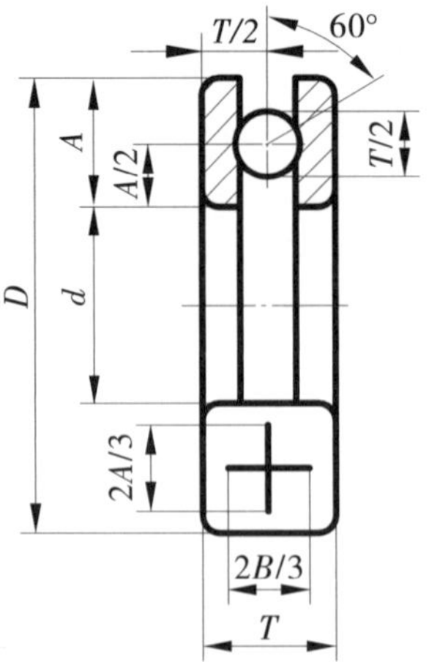	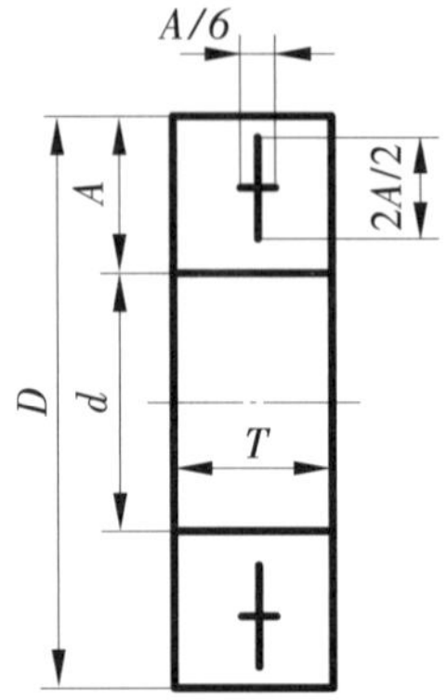	应用：承受单方向的轴向力 标记：滚动轴承 51206 GB/T 301—1995

注意：当不需要确切地表示滚动轴承的外形轮廓、载荷特性、结构特征时，可用矩形线框及位于线框中央正立的十字形符号表示的通用画法。滚动轴承在装配图中的画法如图 1－11 所示。

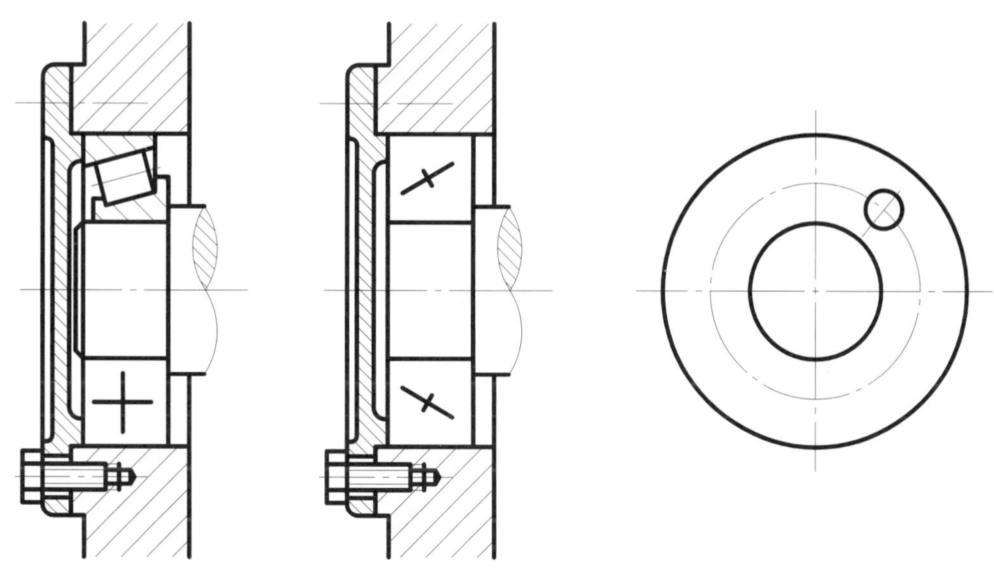

图 1－11　滚动轴承在装配图中的画法

（2）滚动轴承的标记和代号。

滚动轴承的结构形式、特点、承载能力、类型和内径尺寸等均采用代号来表示（GB/T 272—1993，GB/T 271—1997）。滚动轴承的标记由名称、代号和标准编号组成。其格式为：

名　称	代　号	标准编号

名称和标准编号可参见表 1－5。代号由前置代号、基本代号和后置代号构成，通常用基本代号表示。基本代号由轴承类型代号、尺寸系列代号和内径代号构成。基本代号的格式为：

类型代号	尺寸系列代号	内径代号

类型代号表示滚动轴承的基本类型（见表 1－6）。尺寸系列代号由轴承的宽（高）度系列代号和直径系列代号组合而成。内径代号表示滚动轴承的内径尺寸。

表 1－6 滚动轴承的类型代号

代号	轴承类型	代号	轴承类型
0	双列角接触球轴承	6	深沟球轴承
1	调心球轴承	7	角接触球轴承
2	调心滚子轴承和推力调心滚子轴承	8	推力轴承
3	圆锥滚子轴承	N	圆柱滚子轴承和双列圆柱滚子轴承
4	双列深沟球轴承	U	外球面球轴承
5	推力球轴承	QJ	四点接触球轴承

（3）写出滚动球轴承 6208 各要素标记含义。

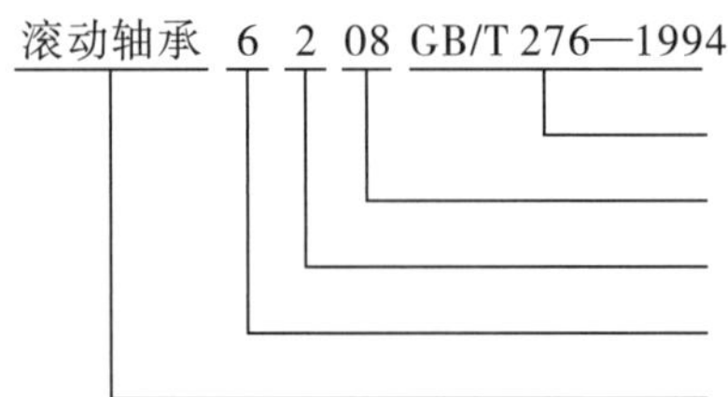

（4）查附录在图 1－12 中绘制出滚动球轴承 6208 的图形。

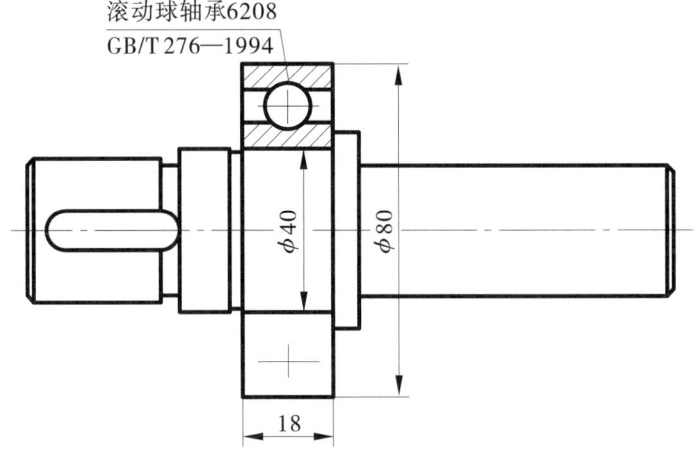

图 1－12 滚动球轴承

8．零件在轴上的固定

（1）轴上零件的轴向固定的方法见表 1－7。

轴上零件轴向固定的目的是保证零件在轴上有确定的轴向位置，防止零件作轴向移动，并能承受轴向力。

表 1－7　轴上零件的轴向固定方法及应用

类型	固定方法及简图	结构特点及应用
圆螺母	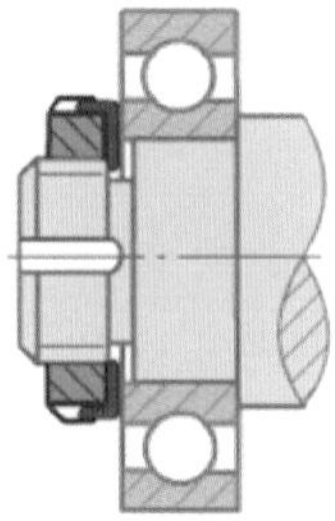	固定可靠、装拆方便，可承受较大的轴向力，能调整轴上零件之间的间隙。为防止松脱，必须加止动垫圈或使用双螺母。由于在轴上切制了螺纹，轴的强度降低。常用于轴上零件距离较大处及轴端零件的固定
轴肩与轴环	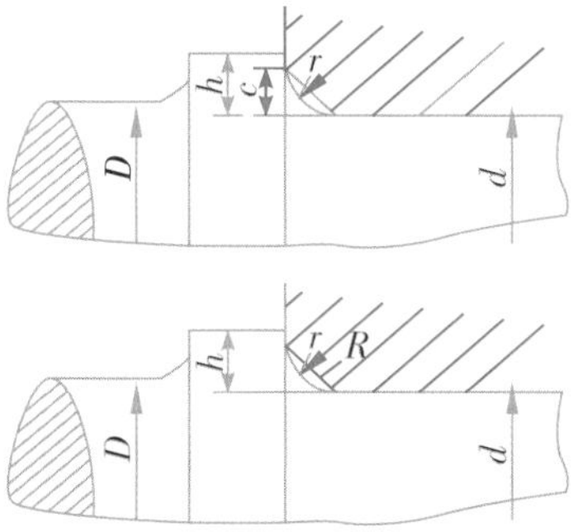	应使轴肩、轴环的过渡圆角半径 r 小于轴上零件孔端的圆角半径 R 或倒角 C，这样才能使轴上零件的端面紧靠定位。结构简单、定位可靠，能承受较大的轴向力，广泛应用于各种轴上零件的定位
套筒	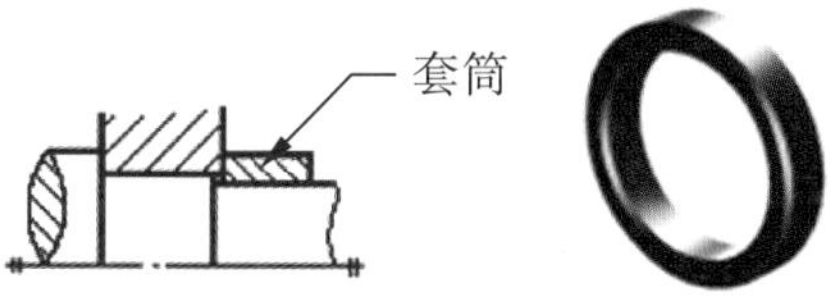 套筒	结构简单，定位可靠，常用于轴上零件间距离较短的场合。当轴的转速很高时不宜采用
轴端挡圈	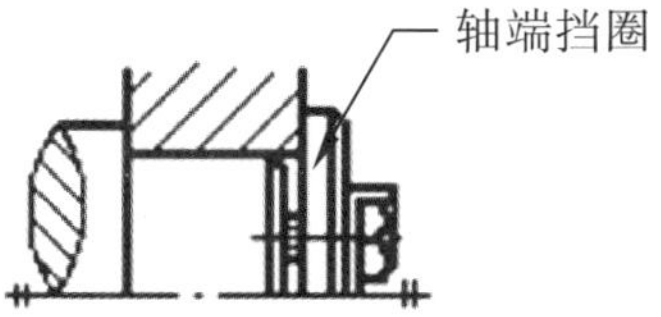 轴端挡圈	工作可靠、结构简单，可承受剧烈振动和冲击载荷。应用广泛，适用于固定轴端零件
紧定螺钉与挡圈	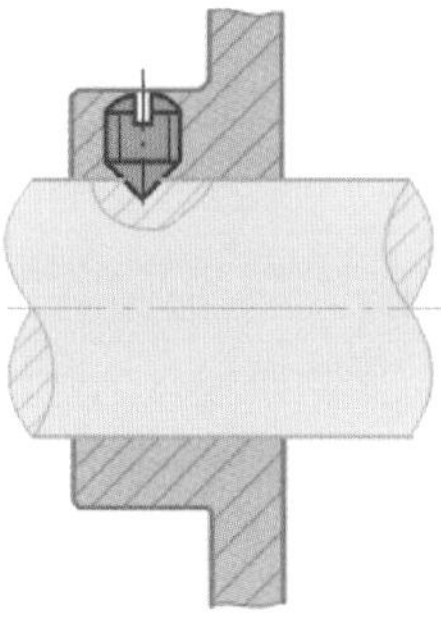	结构简单，同时起周身固定作用，但承载能力较低，不适用于高速场合

（续上表）

类型	固定方法及简图	结构特点及应用
轴端压板	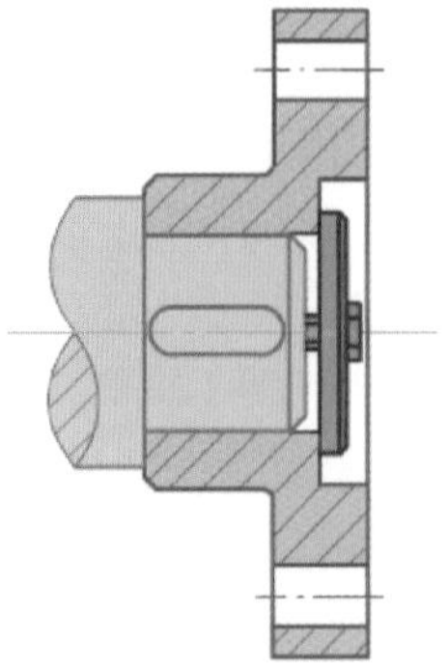	结构简单，适用于心轴上零件的固定和轴端固定
弹性挡圈	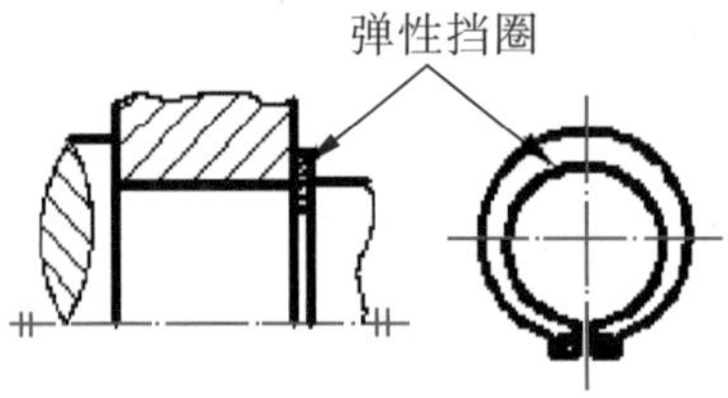 弹性挡圈	结构简单紧凑，装拆方便，只能承受很小的轴向力。需要在轴上切槽，这将引起应力集中，常用于滚动轴承的固定

（2）轴上零件的周向固定的方法见表1－8。

轴上零件周向固定的目的是保证轴可靠地传递运动和转矩，防止轴上零件与轴产生相对________（A 转动　B 直线运动）。

表1－8　轴上零件的周向固定方法及应用

类型	固定方法及简图	结构特点及应用
平键连接	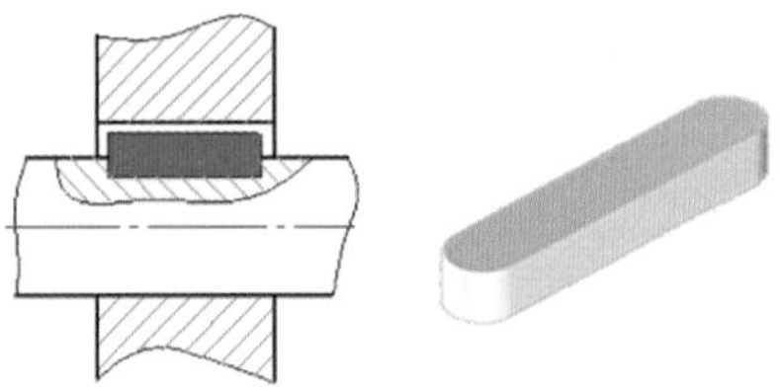	加工容易、装拆方便，但轴向不能固定，不能承受轴向力
花键连接		接触面积大、承载能力强、对中性和导向性好，适用于载荷较大、定心要求高的静、动连接。加工工艺较复杂，成本较高

（续上表）

类型	固定方法及简图	结构特点及应用
销钉连接		轴向、周向都可以固定，常用作安全装置，过载时可被剪断，防止损坏其他零件。不能承受较大载荷，对轴强度有削弱

（3）键连接的相关知识。

键是标准件，在机器和设备中，通常用键来连接轴和轴上零件（如齿轮、带轮等），使它们能一起转动并传递转矩，这种连接称为键连接。键连接是常用的可拆卸连接。

1）键的种类和标记。

常用键的种类有普通平键、半圆键和钩头楔键三种，如图 1－13 所示。

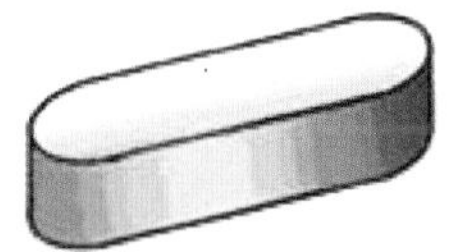

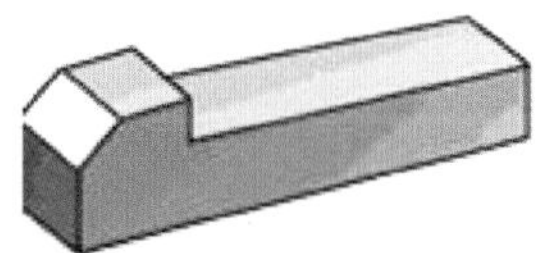

图 1－13 常用键

常用键的图例和标记见表 1－9。

表 1－9 常用键的图例和标记

名称及标准件号	图例	标记及说明
普通平键 GB/T 1096—1979		标记：键 8×25 GB/T 1096—1979 表示键宽度 $b=8$ mm，长度 $l=25$ mm 的圆头普通平键（A 型）
半圆键 GB/T 1099—1979		标记：键 6×25 GB/T 1099—1979 表示键宽度 $b=6$ mm，直径 $d_1=25$ mm 的半圆键

（续上表）

名称及标准件号	图例	标记及说明
钩头楔键 GB/T 1565—1979		标记：键 8×30　GB/T 1565—1979 表示键宽度 $b=8$ mm，长度 $l=30$ mm 的钩头楔键

2）普通平键连接。

普通平键应用最广，按轴槽结构可分为圆头（A 型）、平头（B 型）、单圆头（C 型）三种。普通平键的连接画法如图 1－14 所示。绘图时应注意：

①键的两侧面是工作表面，键的两侧面与轴、孔的键槽侧面无间隙。

②键的下底面与轴接触，键的顶面与轮上的键槽之间留有一定的间隙。

③当剖切平面通过键的纵向对称面时，键按不剖绘制，当剖切平面垂直于键的横向剖切时，键应画出剖面线。

④键的倒角或圆角可省略不画。

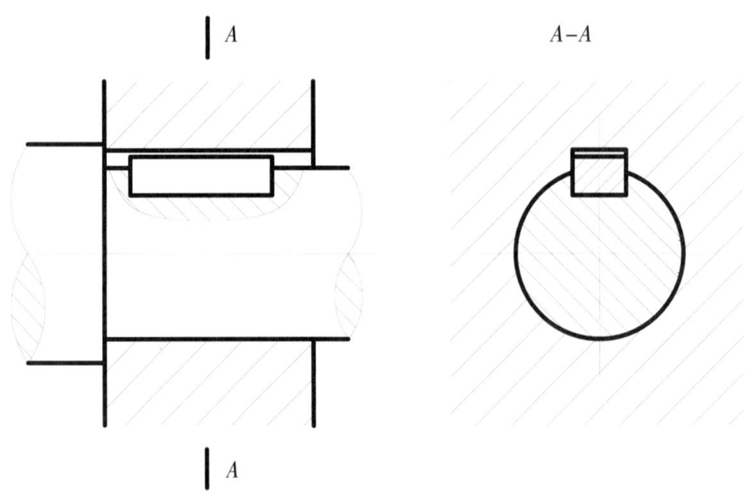

图 1－14　平键连接

3）半圆键连接。

半圆键常用在载荷不大的传动轴上，如图 1－15 所示。半圆键连接情况及画法与普通平键相似。

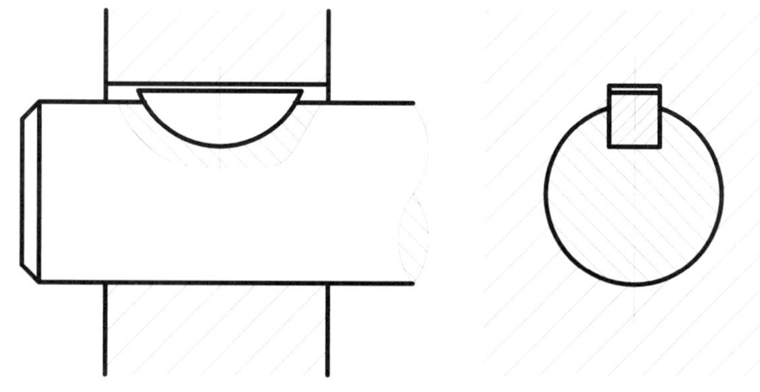

图 1－15　半圆键连接

4）键槽的画法及尺寸标注。

键的参数一旦确定，轴和轮毂上键槽的尺寸应查阅有关标准确定。键槽的画法及尺寸标注如图 1－16 所示。

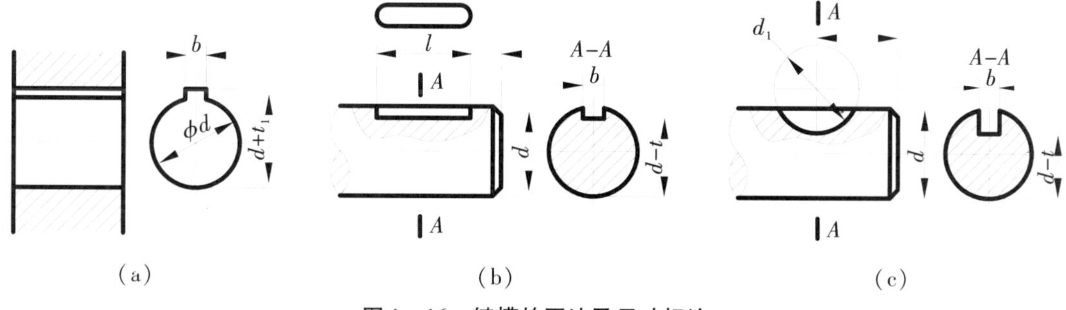

（a）　（b）　（c）

图 1－16　键槽的画法及尺寸标注

（4）销连接的相关知识。

1）销的种类和标记。

销也是标准件。常用的销有圆柱销、圆锥销、开口销等，其形状如图 1－17 所示。圆柱销、圆锥销通常用于零件间的紧固和定位；开口销常用在螺纹连接的锁紧装置中，以防止螺母松脱。它们的标准编号、简图和标记方法见表 1－10。

（a）圆柱销　（b）圆锥销　（c）开口销

图 1－17　销

表 1-10　销的简图和标记

名称及标准编号	简图	标记示例	说明
圆柱销 GB/T 119.1—2000	l　d	标记：销 GB/T 119.1 A8×50 表示公称直径 d = 8 mm，公称长度 l = 50 mm 的 A 型圆柱销	作用：定位、连接
圆锥销 GB/T 117—2000	l　d	标记：销 GB/T 117 A8×50 表示公称直径 d = 8 mm，公称长度 l = 50 mm 的 A 型圆锥销	作用：定位、连接
开口销 GB/T 91—2000	l　d	标记：销 GB/T 91 5×50 表示公称直径 d = 5 mm，公称长度 l = 50 mm 的开口销 注：公称规格为开口销孔的公称直径	作用：防松

2）销连接。

圆柱销和圆锥销主要用于定位，也可用作连接。圆锥销有 1∶50 的锥度，装拆方便，常用于需多次装拆的场合。

圆柱销和圆锥销的销孔须经铰制。装配时要把被连接的两个零件装在一起钻孔和铰孔，以保证两零件的销孔严格对中。这一点在零件图上应加“配作”两字予以说明，如图 1-18 所示。

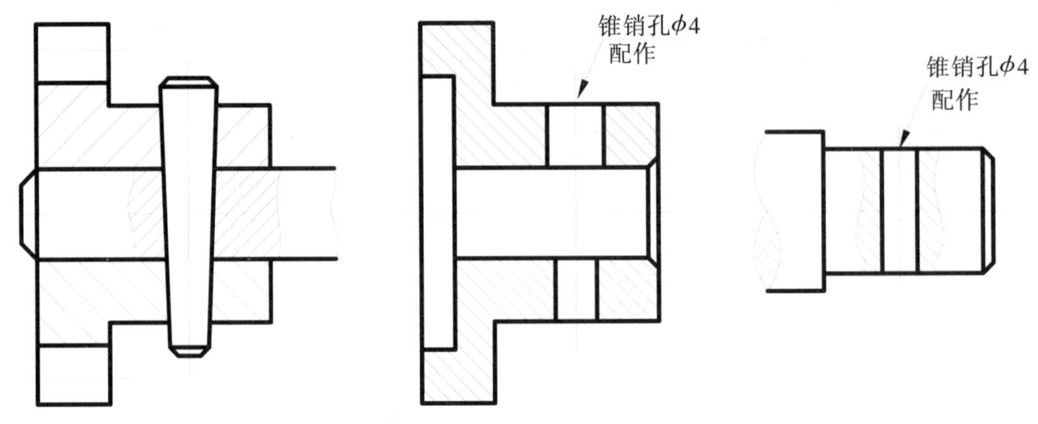

图 1-18　销连接及销孔的标注

注意：在剖视图中，当剖切平面通过销的轴线时，销按不剖绘制。当剖切平面垂直于销的轴线时，销应画出剖面线。

开口销应用于带孔螺栓和槽形螺母时，其插入槽形螺母的槽口和带孔螺栓的孔，并将销的尾部叉开，防止螺母松脱，如图 1－19 所示。

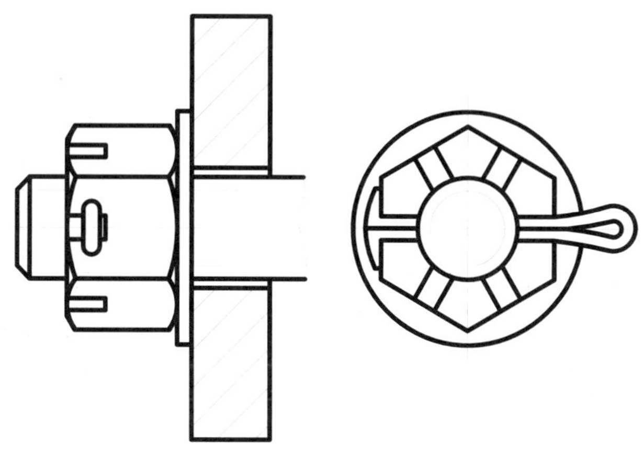

图 1－19　开口销

四、正确使用测量工具

1. 学会使用游标卡尺

（1）游标卡尺的结构如图 1－20 所示，在图中相应位置写出各结构名称。

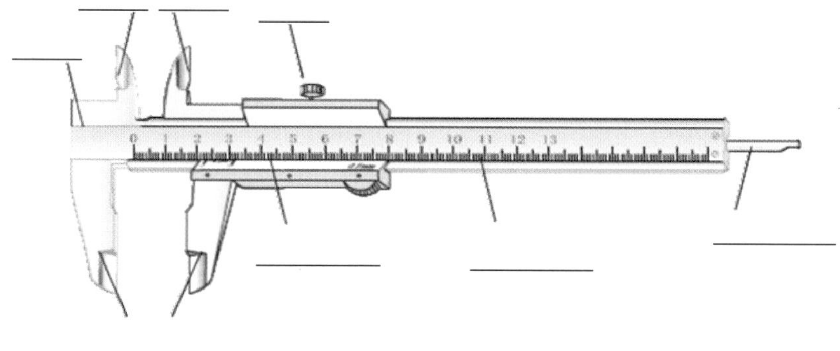

图 1－20　游标卡尺的结构

(2) 游标卡尺的使用方法如图 1－21 所示。

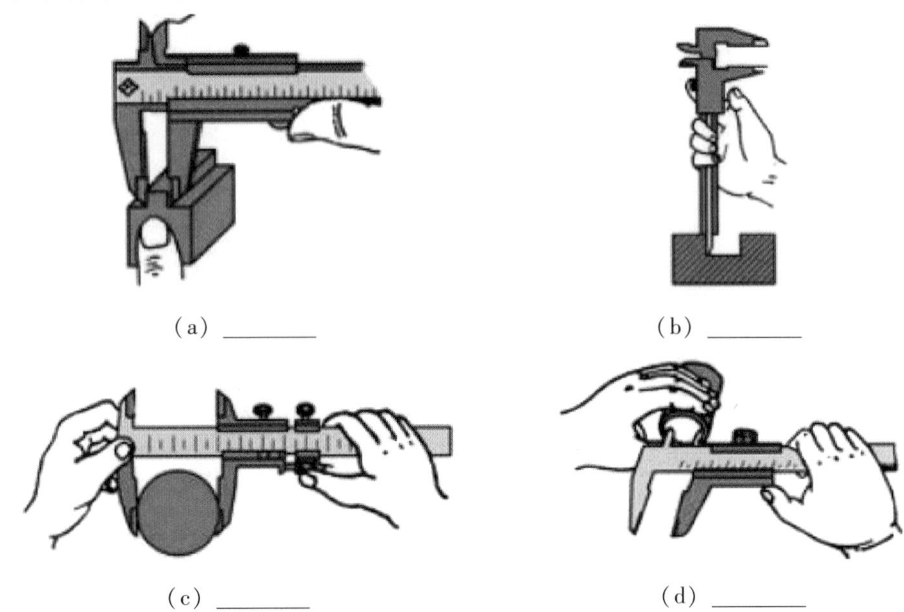

图 1－21　游标卡尺的使用方法

(3) 游标卡尺的读数方法。

图 1－22　游标卡尺的读数方法

游标卡尺读数精确度有三种。简述游标卡尺的读数方法。

____

____

____

(4) 游标卡尺的读数练习。

第一步：根据副尺零线以左的主尺上的最近刻度读出整数。

第二步：根据副尺零线以右与主尺某一刻线对准刻线数乘以 0.02 读出小数。

第三步：将上面的整数和小数两部分相加即总尺寸。

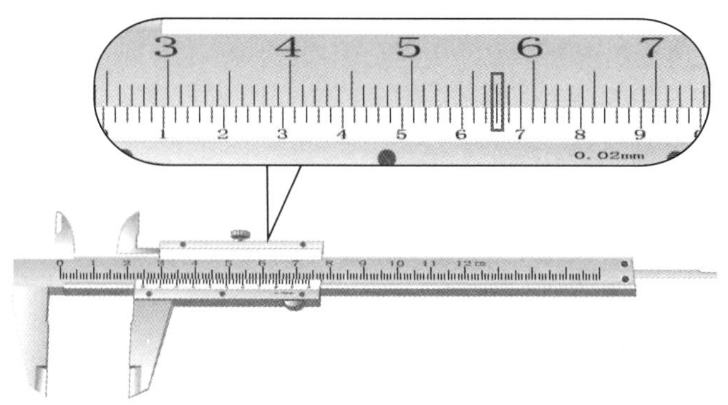

图 1－23　游标卡尺的读数

图 1－23 中的读数为__________。

2. 学会使用外径千分尺

（1）外径千分尺的结构如图 1－24 所示。

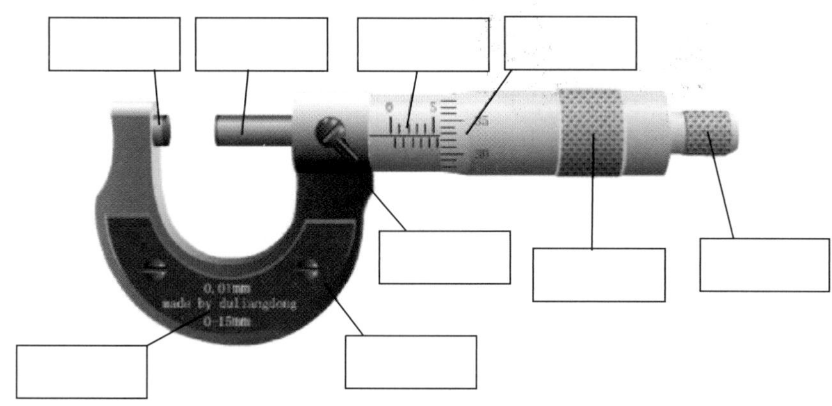

图 1－24　外径千分尺的结构

（2）外径千分尺的使用方法。

根据使用说明亲身体验外径千分尺的使用方法。

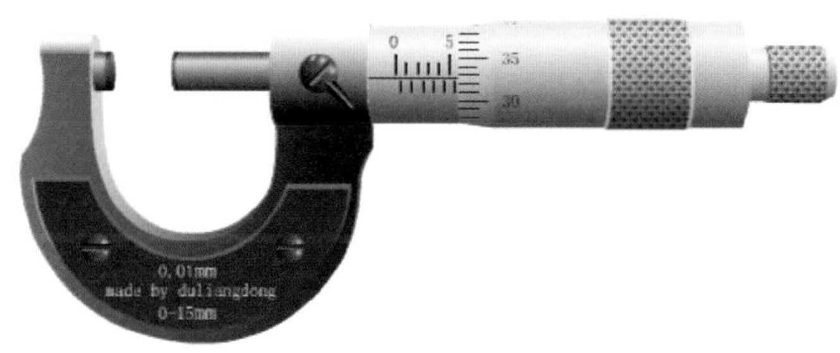

图 1－25　外径千分尺

使用说明：旋动旋钮将测微螺杆旋出，把被测物放在小砧与测微螺杆之间，使小砧与测微螺杆正好接触到被测物的两端。在使用时，测微螺杆快接触到被测物时应改用微调旋钮。这样就不至于压力过大，既可以保护仪器又能保证读数的准确。

（3）简述外径千分尺的读数方法。

____

____

（4）外径千分尺的读数练习。

第一步：读出固定套筒上露出刻线的毫米数和半毫米数。

第二步：读出活动套筒上小于 0.5 mm 的小数部分。

第三步：将上面两部分读数相加即总尺寸。

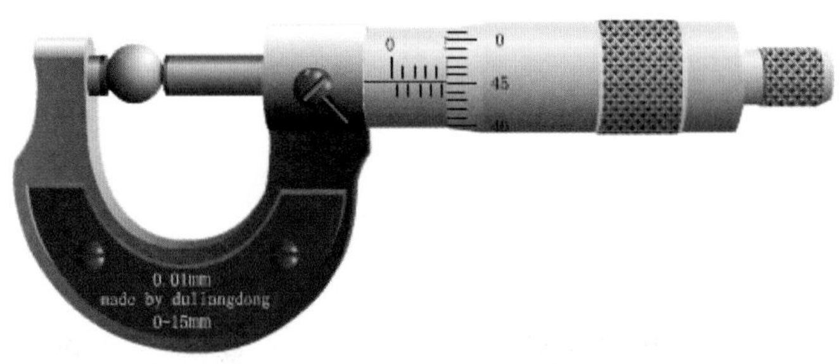

图 1－26 外径千分尺的读数

图 1－26 中的读数为____________。

3. 几种常用的简便测量方法

（1）测量直线尺寸（长、宽、高）。

一般用直尺或游标卡尺直接量取，如图 1－27 所示。

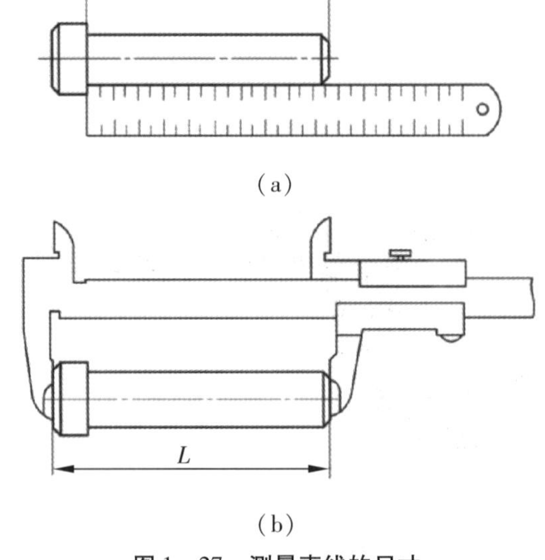

图 1－27 测量直线的尺寸

（2）测量回转面直径。

测量外径用外卡钳，测量内径用内卡钳。游标卡尺可测量内、外径，如图 1－28 所示。

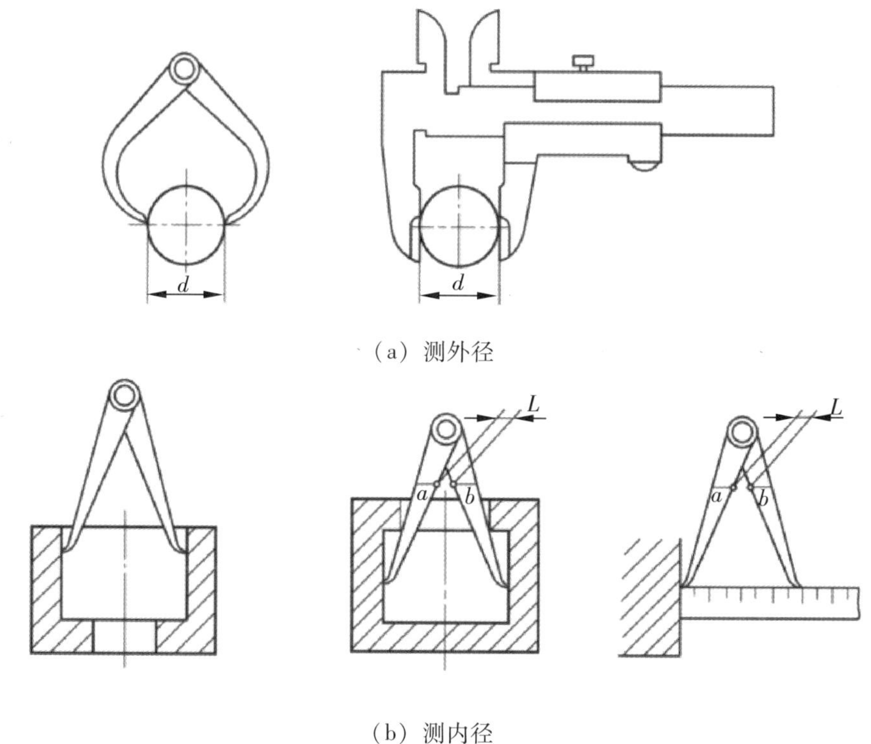

（a）测外径

（b）测内径

图 1－28　测量回转面直径

（3）测量壁厚。

壁厚可用直尺直接量取或用卡钳测量，如图 1－29 所示。

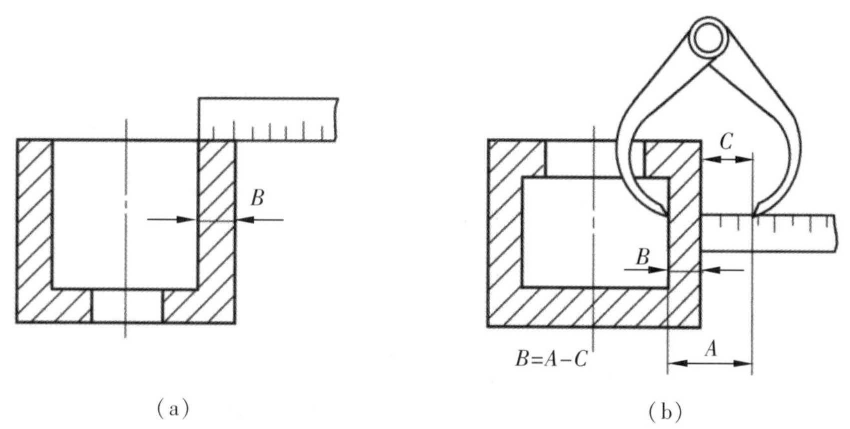

（a）

（b）

图 1－29　测量壁厚

（4）测量深度。

深度可用直尺直接测量，如图 1－30（a）所示。若孔径较小时，可用测量深度的游标卡尺测量，如图 1－30（b）所示。

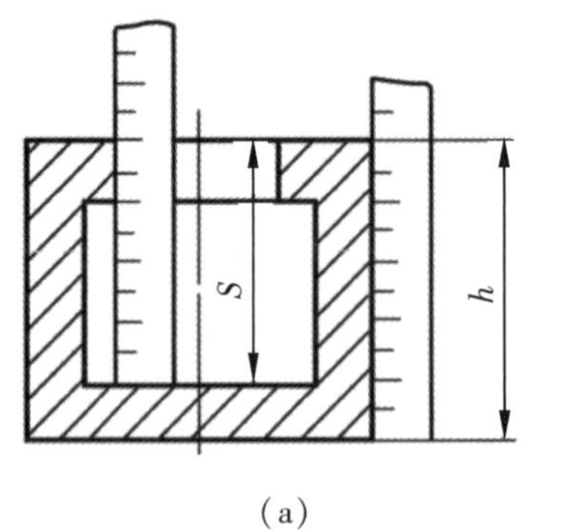

(a)

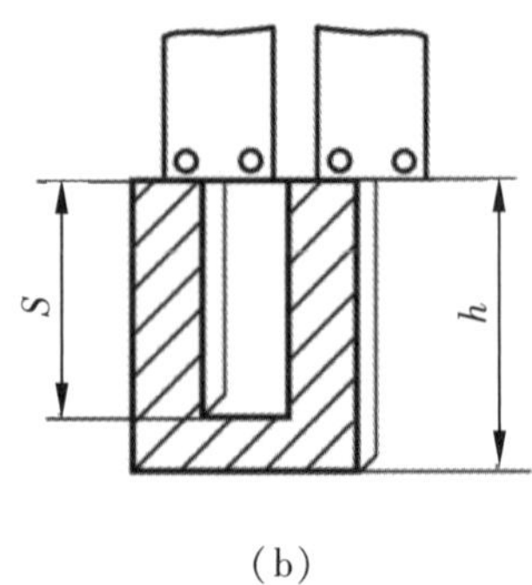

(b)

图 1－30　测量深度

(5) 测量两孔之间的中心距。

两孔之间的中心距可用卡钳或直尺测量，也可用游标卡尺测量，如图 1－31 所示。

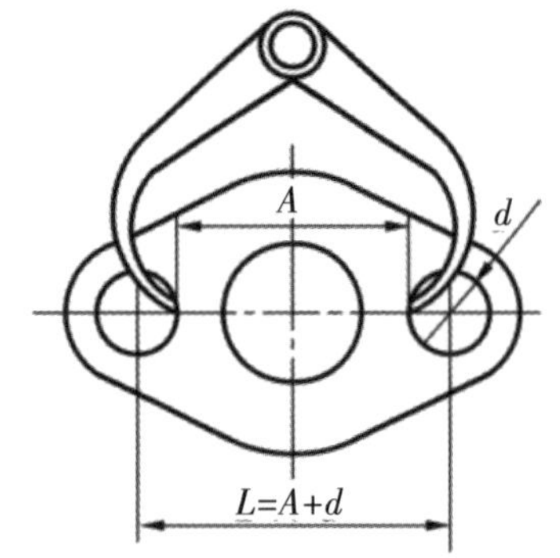

(a) 两孔直径相同时（先测出 A 及 d）

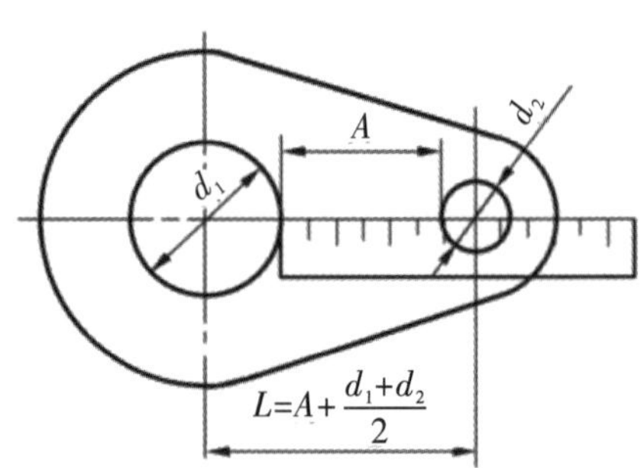

(b) 两孔直径不同时（先测量 A、d_1 及 d_2）

图 1－31　测量两孔中心距

(6) 测量中心高。

中心高可用直尺、卡尺或游标卡尺测量，如图 1－32 所示。

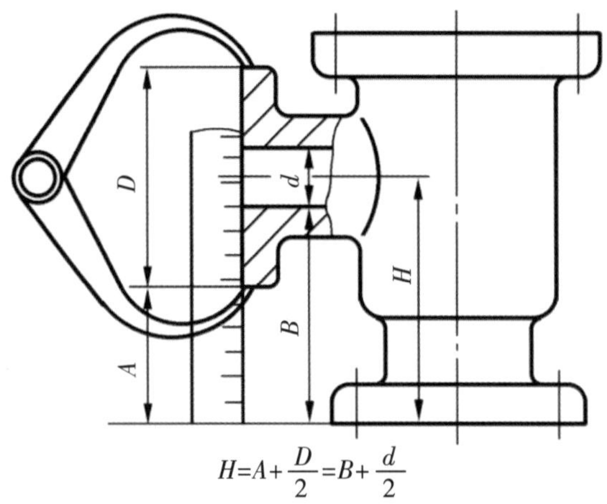

$$H=A+\frac{D}{2}=B+\frac{d}{2}$$

图 1－32　测量中心高

（7）测量曲线轮廓。

常采用拓印法或铅丝法确定曲线轮廓尺寸。先用纸拓印出轮廓，或用铅丝沿零件轮廓弯成实形后，得到如实的平面曲线，然后判断该曲线的圆弧连接情况，选圆弧上三点用几何作图的方法找出半径、圆心位置、切点等。图 1－33 所示为拓印法。

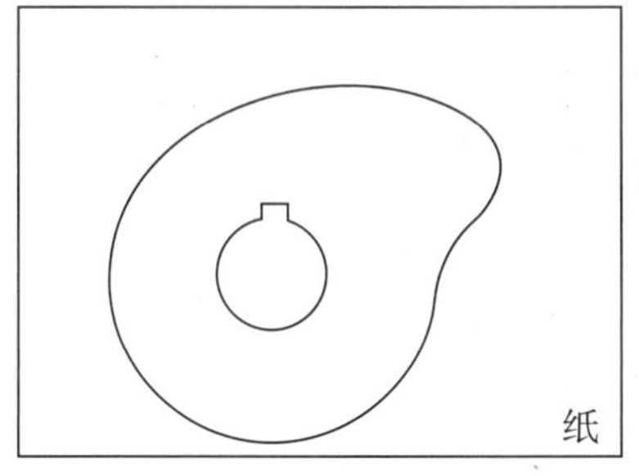

（a）用纸拓出曲线轮廓

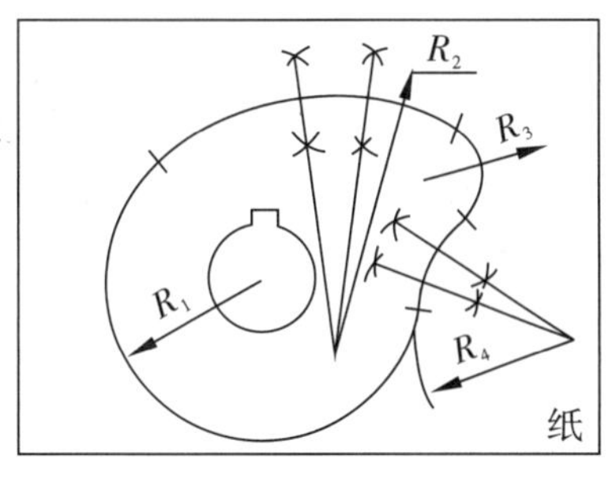

（b）在纸上找出各段曲线的曲率中心、半径及连接点

图 1－33　拓印法测量曲线轮廓

4．制作常用量具技术信息表

常用的测量工具还有 R 规（半径规）和粗糙度比较样块，R 规和粗糙度比较样块的使用请查阅相关资料。

根据学习的量具制作一份常用量具技术信息表，填写在表 1－11 中。

表 1－11　常用量具技术信息表

序号	名称	规格	使用场合
1	游标卡尺		
2	外径千分尺		
3	R 规		
4	粗糙度比较样块		

五、轴类零件视图表达

1．识记基本视图

在图 1－34 上填写出轴类零件各视图的名称。

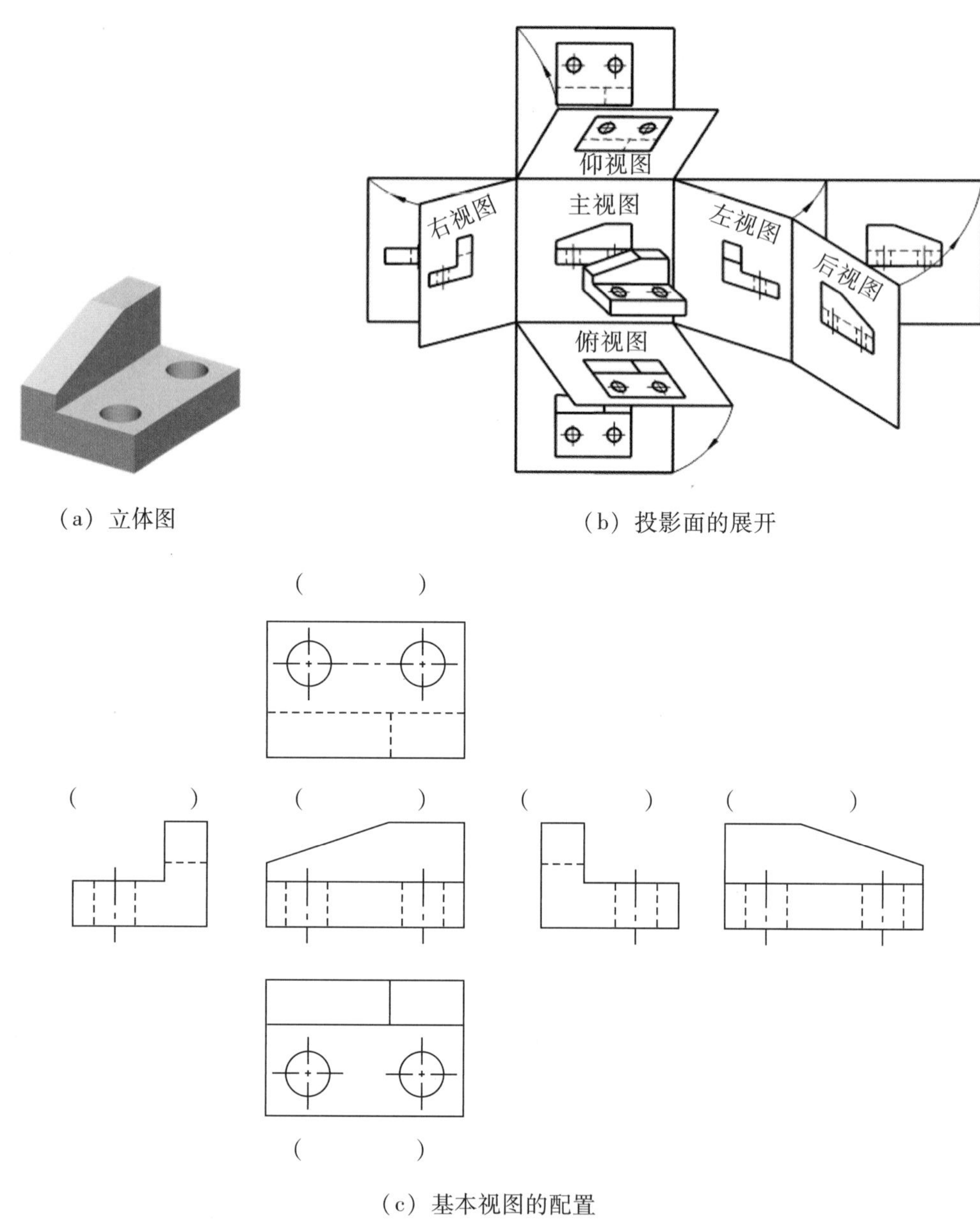

（a）立体图　　（b）投影面的展开

（c）基本视图的配置

图 1－34　基本视图

2．识记向视图的特点

向视图是一种可以自由配置的视图。绘制向视图时，应在视图上方标出视图的名称（如“B”“C”等），同时在相应的视图附近用箭头指明投影方向，并注上相同的字母，如图1－35 所示。

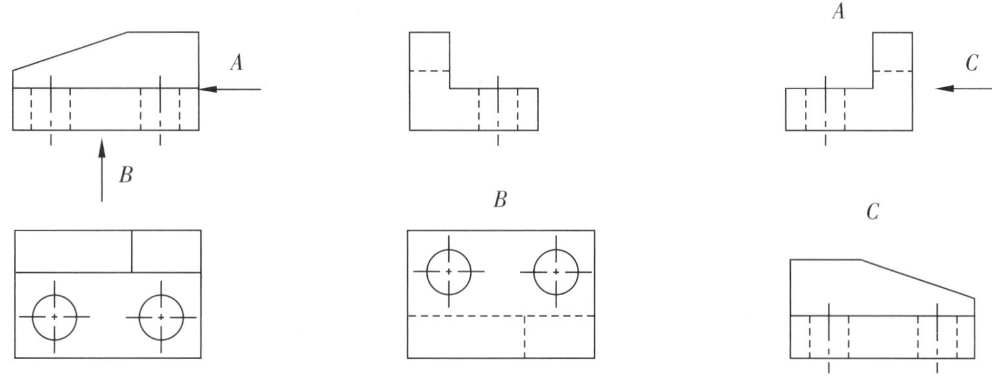

图 1－35　向视图及其标注

3. 识记斜视图的特点

机件向不平行于任何基本投影面的平面投影所得到的视图，称为斜视图，如图 1－36 所示。

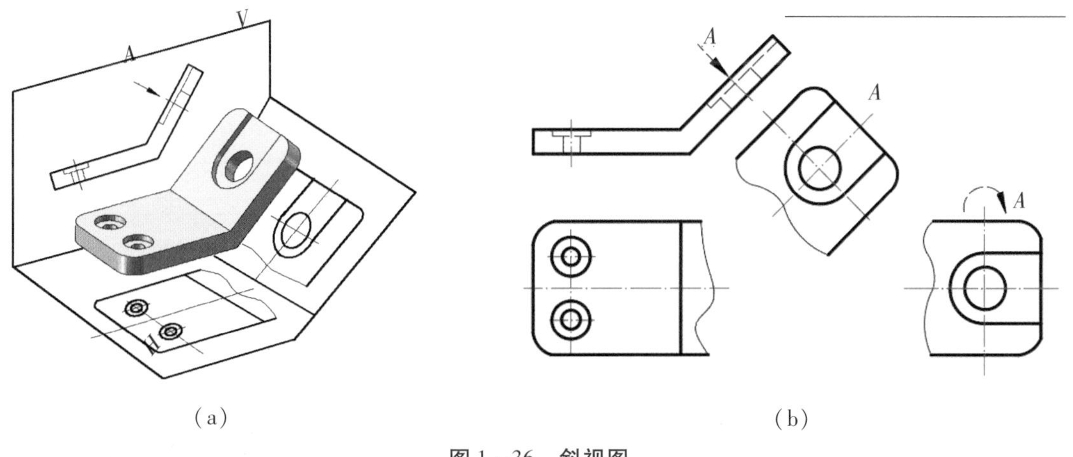

(a)　　(b)

图 1－36　斜视图

(1) 斜视图只使用于表达机件________部分的实形，其余部分不必画出，其断裂边界处用________线表示。

(2) 斜视图通常按向视图形式配置。必须在视图上方标出名称，用箭头指明投影方向，并在箭头旁水平注写相同字母。在不会引起误解的前提下，可以将斜视图旋转，但需在斜视图上方注明。

(3) 斜视图一般按投影关系配置，便于看图。必要时也可配置在其他适当位置。为了便于画图，可以将斜视图旋转摆正画出，旋转后的斜视图上应加注________符号。

4. 识记局部视图的特点

(1) 局部视图的概念。

只将机件的某一部分向基本投影面投射所得到的图形，称为局部视图，如图 1－37 所示。

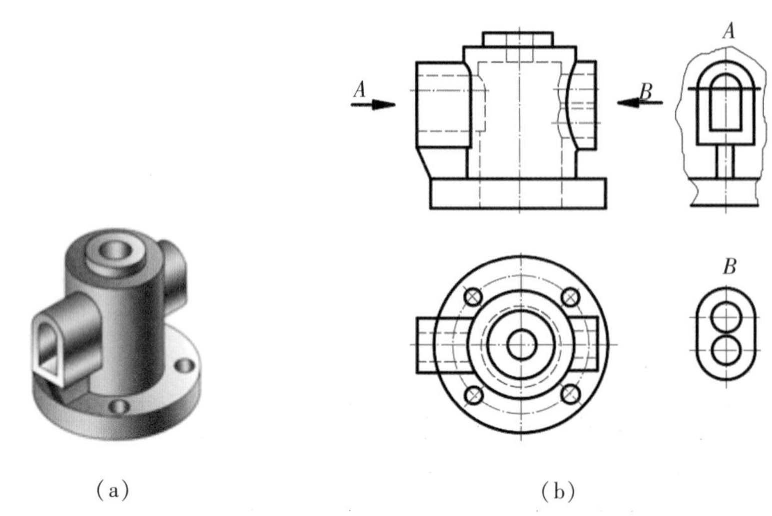

（a）　　（b）

图 1－37　局部视图

（2）局部视图的画法及标注。

1）用带字母的箭头指明要表达的部位和投影方向，并标注视图名称。

2）局部视图的范围用波浪线来表示。当表达的局部结构是完整的且外轮廓封闭时，波浪线________（A 省略　B 完整画出）。

3）局部视图可按基本视图的配置形式配置，也可按向视图的配置形式配置。

5．识记断面图的特点

（1）断面图的概念。

设想用剖切平面将机件的某处切断，仅画出断面的图形，这样的图形称为断面图，如图 1－38 所示。

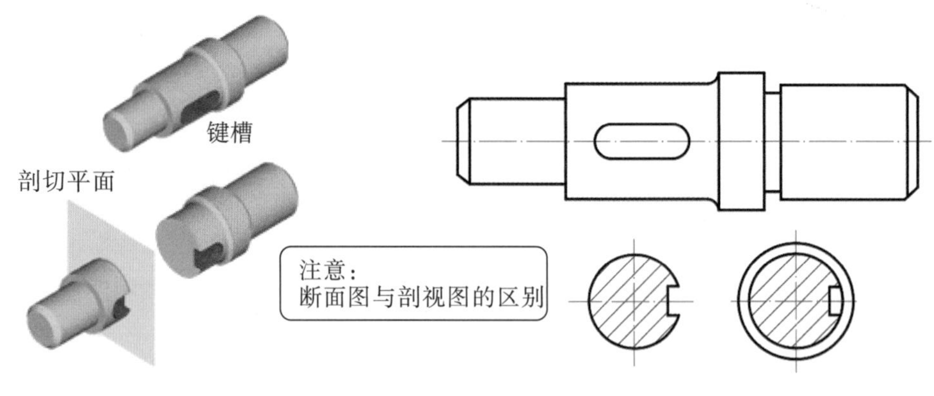

（a）断面图　　（b）剖视图

图 1－38　断面图

（2）断面图的种类。

断面图分为________断面图和________断面图两种，如图 1－39 所示。

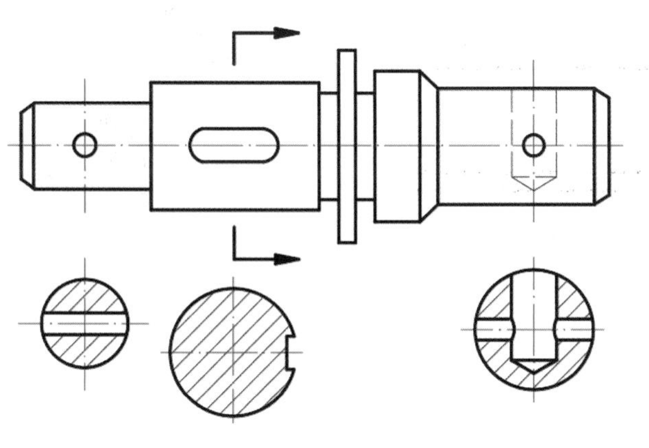

（a）移出断面图　　　　（b）重合断面图

图 1－39　断面图的种类

（3）断面图的画法。

1）移出断面的画法及标注。

①移出断面的轮廓线用________（A 粗　B 细）实线画出，断面上画出剖面符号。移出断面应尽量配置在剖切平面的延长线上，必要时也可以画在图纸的适当位置。

②剖切平面通过回转面形成的孔或凹坑的轴线时，应按________（A 剖视　B 断面）画。

③当剖切平面通过非圆孔，会导致完全分离的两个断面时，这些结构也应按________（A 剖视　B 断面）画。

④由两个或多个相交的剖切平面剖切得出的移出断面，中间一般应断开画，如图 1－40 所示。

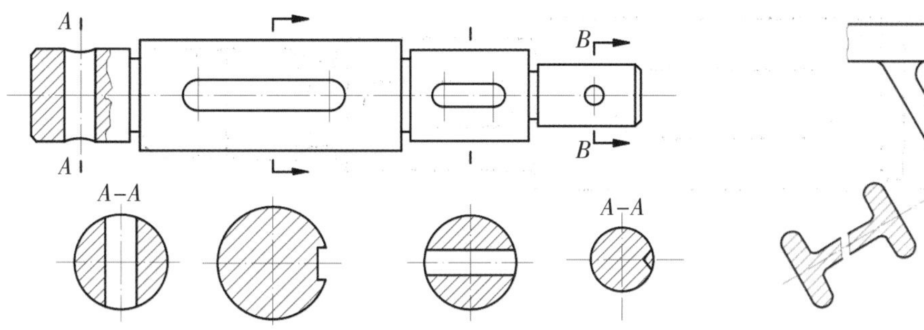

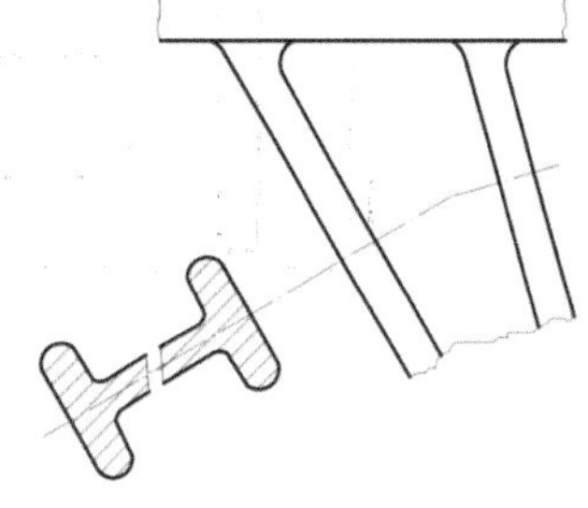

图 1－40　移出断面的画法及标注

2）重合断面图的画法及标注。

重合断面的轮廓线用________（A 粗　B 细）线绘制。当视图中的轮廓线与重合断面的图形重叠时，视图中的轮廓线仍需完整地画出，不能间断，如图 1－41（a）所示。

重合断面图________（A 标注　B 不标注），如图 1－41（b）所示。

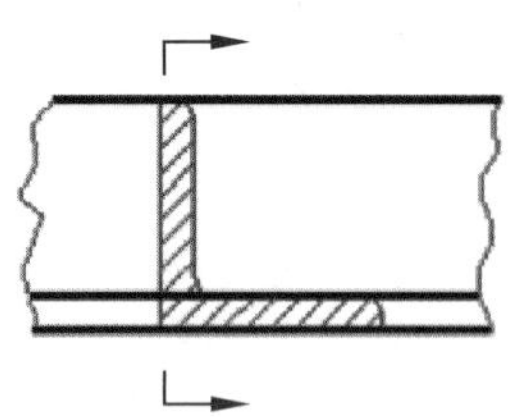
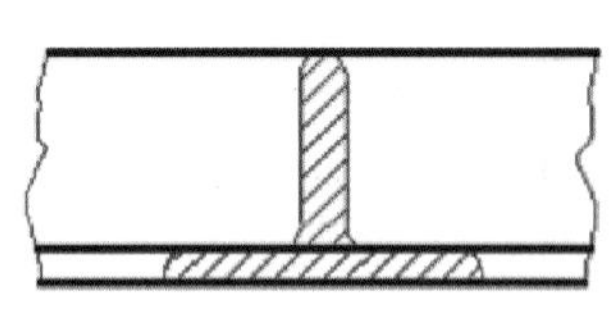

（a）不对称的重合断面图应标注剖切位置和投影方向

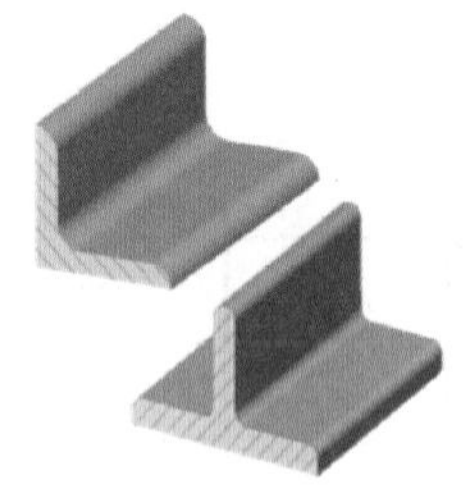

（b）对称的重合断面图省略标注

图 1－41　重合断面图

6. 识记局部放大图的特点

当机件上某些局部细小部分结构在视图上表达不够清楚又不便于标注尺寸时，可将该部分结构用大于原图形所采用的比例画出，这种图形称为局部放大图，如图 1－42 所示。

画局部放大图时应注意：

（1）局部放大图可以画成视图、剖视图、断面图等形式，与被放大部位的表达形式________（A 有关　B 无关）。图形所用的放大比例应根据结构需要而定，与原图比例________（A 有关　B 无关）。

（2）绘制局部放大图时，应在视图上用________（A 粗　B 细）实线圈出被放大部位（螺纹牙型和齿轮的齿形除外），并将局部放大图配置在被放大部位的附近。被放大部位用细实线圈出，用指引线依次注上罗马数字，在局部放大图的上方用分数形式标注。

（3）同一机件上不同部位的局部放大图，当图形相同或对称时，只需画出一个。

（4）必要时可用同一个局部放大图表达几处图形结构。

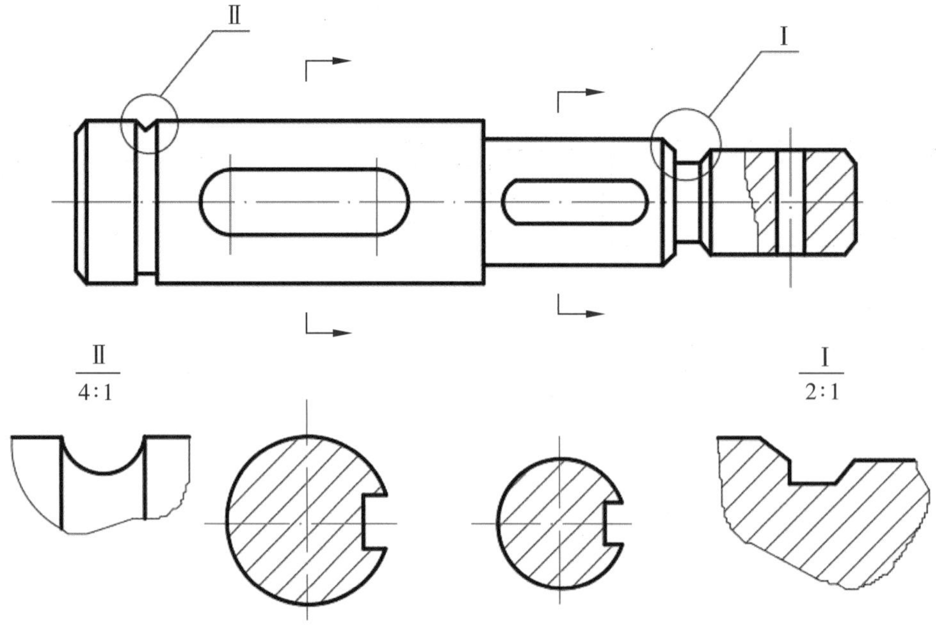

图 1－42　局部放大图

7. 识记简化画法的特点

表 1－12　简化画法

说明	简化画法图例
零件图中的移出断面，在不会引起误解的前提下，可以省略剖面符号，但应按前述移出断面的标注方法进行标注	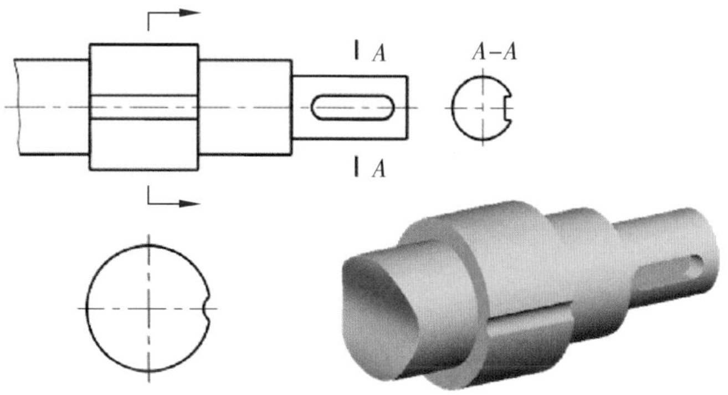 A A A–A
回转体构成的零件上的平面结构，在图形中不能充分表达时，可用两条________（A 相交　B 平行）的________（A 细　B 粗）实线（平面符号）表示平面	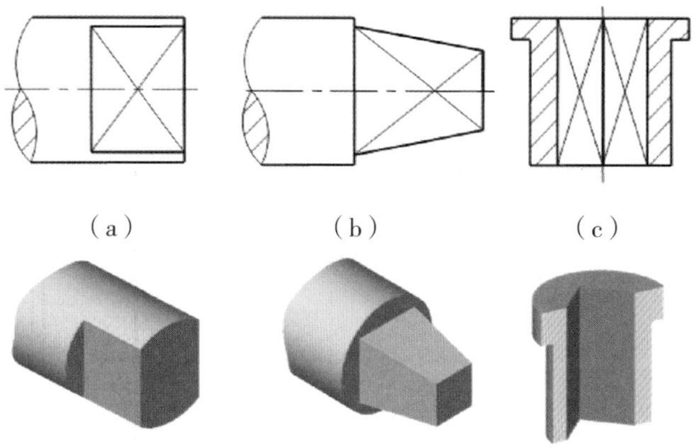 （a）（b）（c）
在不会引起误解的前提下，图中的小圆角、45°小倒角或锐边的小倒角可省略不画，但必须注明尺寸或在技术要求中加以说明	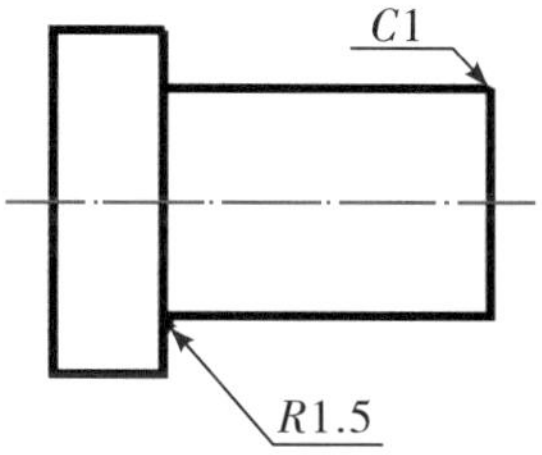 C1 R1.5

（续上表）

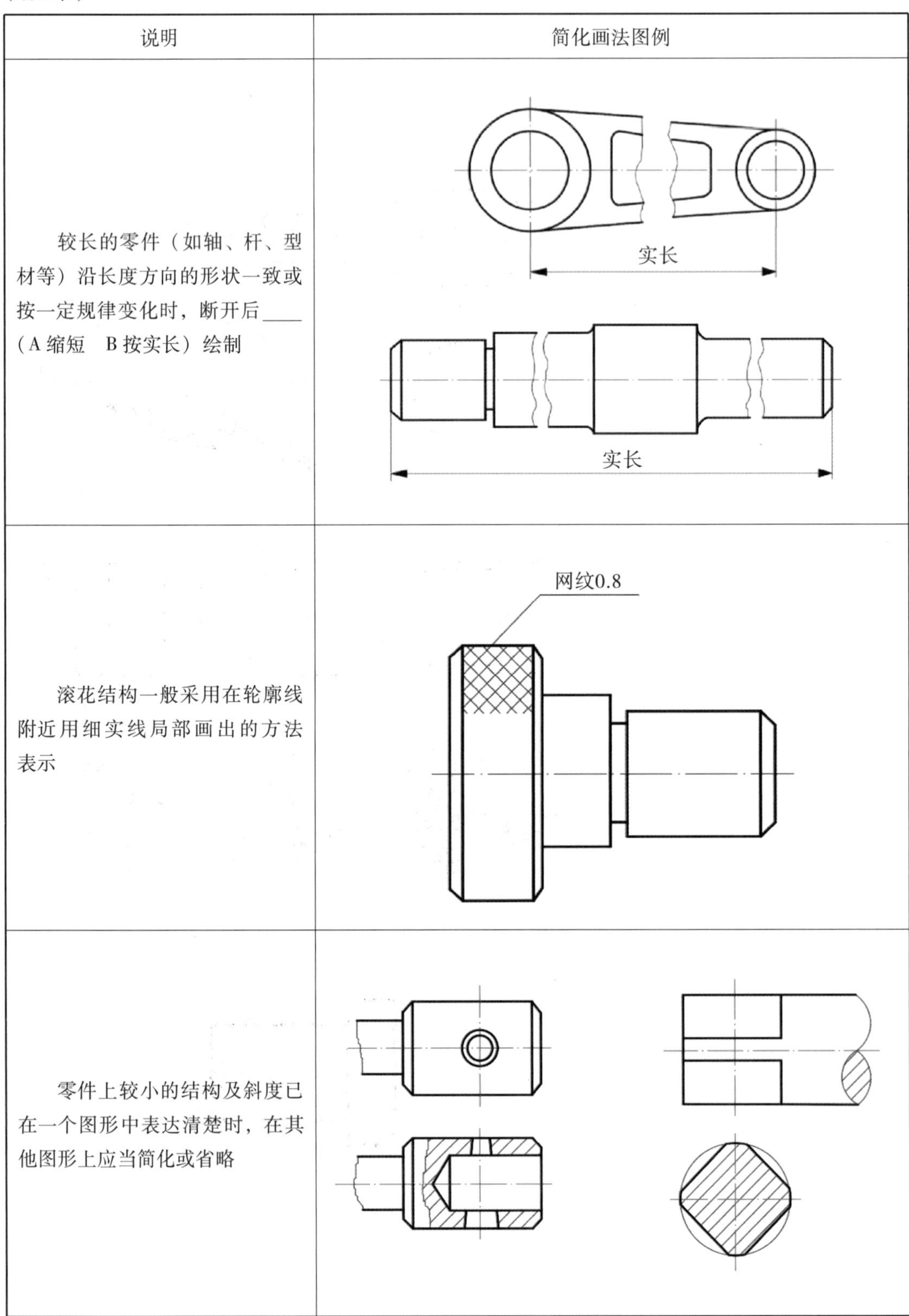

说明	简化画法图例
较长的零件（如轴、杆、型材等）沿长度方向的形状一致或按一定规律变化时，断开后____（A 缩短　B 按实长）绘制	实长 实长
滚花结构一般采用在轮廓线附近用细实线局部画出的方法表示	网纹0.8
零件上较小的结构及斜度已在一个图形中表达清楚时，在其他图形上应当简化或省略	

8. 轴类零件的视图表达

综合各种特点视图表达的方法，在坐标纸上徒手绘制出轴类零件的视图表达。

9. 分析泵轴的结构特点及表达方法

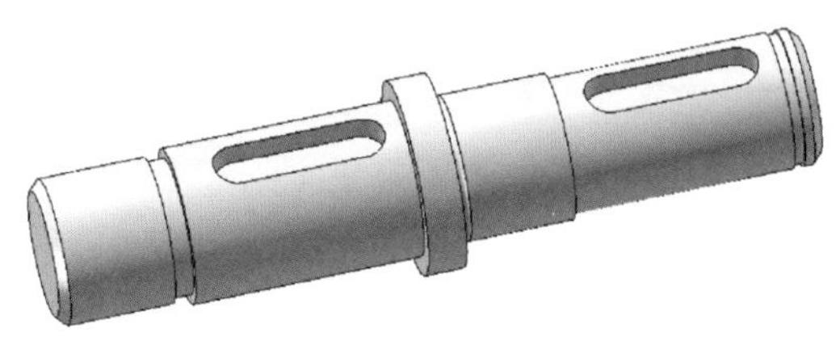

图 1-43　泵轴模型

轴类零件的各组成部分多是同轴回转体，且轴向尺寸大于径向尺寸，根据设计和工艺要求，这类零件多带有键槽、轴肩、螺纹、挡圈槽、退刀槽、越程槽、中心孔等局部结构。这类零件主要在车床上加工，为了加工时看图方便，选择主视图时，按加工位置将轴线水平放置，大头朝左，键槽朝前，把垂直于轴线的方向作为主视图的投影方向。这样既符合加工位置，又反映了轴类零件的主要结构特征和各组成部分的相对位置。其他视图常采用断面图、局部视图、局部剖视图等来表达键槽、退刀槽、孔等结构。有些细小结构可用局部放大图表示。图 1-43 所示为柱塞泵中泵轴的模型，图 1-44 为其零件图。该轴上需安装凸轮、滚动轴承和传动齿轮等零件。选择与加工位置一致的轴线水平放置的主视图表达该轴的整体形状；选用 *A*-*A*、*B*-*B* 移出断面图表示各键槽的形状；另外，用一个局部放大图表示轴肩处的细部结构。

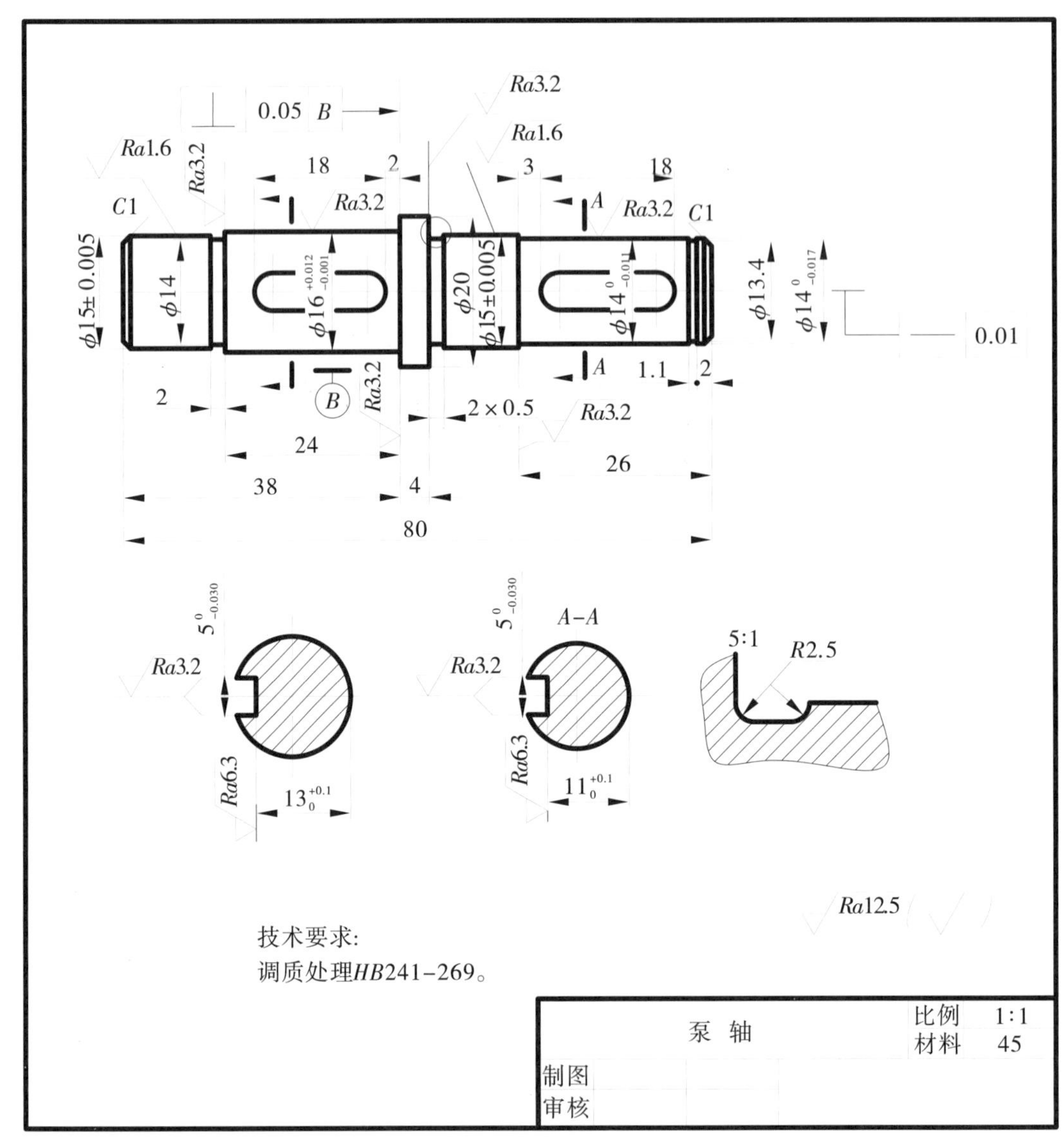

图 1－44 泵轴零件图

10. 绘制视图

将图 1－45 中轴零件的视图表达徒手绘制出来，并口述轴类零件的表达方法。

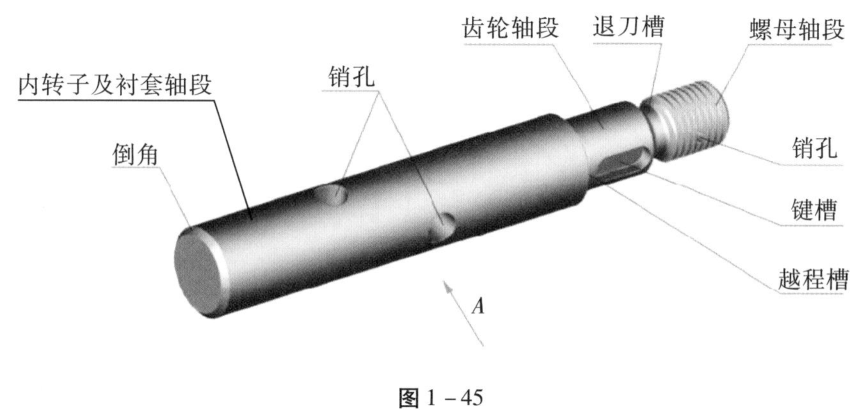

图 1－45

六、轴类零件的尺寸记录

（一）识记尺寸标注的基础知识

1．尺寸标注的基本规则

（1）图形只能反映物体的________，物体的真实大小要靠________来决定。

（2）机件的真实大小应以图样上所注的尺寸数值为依据，与图形的大小及绘图的准确度________（A 有关　B 无关）。

（3）图样中的尺寸以________为单位时，不必标注计量单位的符号或名称，如采用其他单位，则必须注明相应计量单位的代码或名称。

（4）图样所标尺寸为所示机件最后完工尺寸，否则应加以说明。

（5）机件的每一尺寸，在图样中只标注一次，并应标在该结构最清晰的视图上。

（6）标注尺寸的要素为尺寸界线、尺寸线、________。尺寸界线用来限定尺寸度量的范围，尺寸线用来表示所注尺寸的度量方向，如图 1－46 所示。

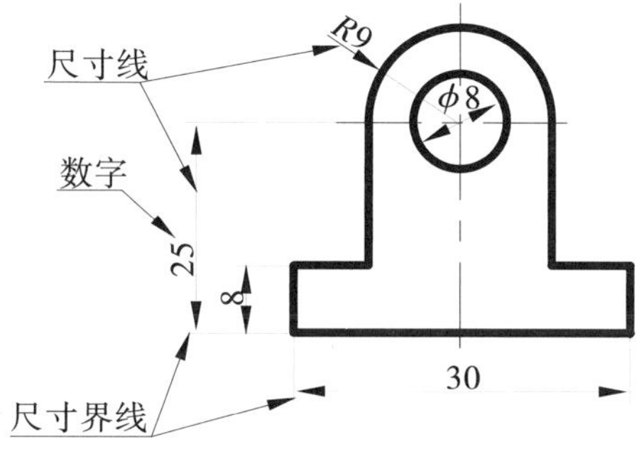

图 1－46　尺寸的组成

2．常见尺寸标注的规定和图样示例

（1）尺寸界线用细实线绘制，并应由图形的轮廓线、轴线或对称中心线处引出；也可以利用轮廓线、轴线或对称中心线作尺寸界线。如图 1－47 所示。

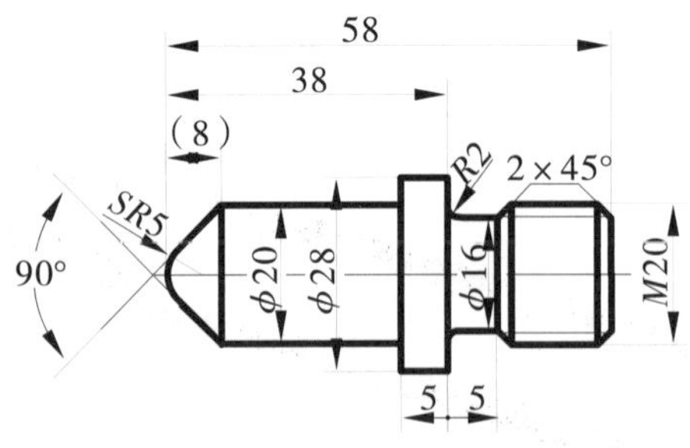

图 1-47　尺寸界线标注示例

（2）尺寸界线一般与尺寸线垂直，必要时才允许倾斜。圆的直径和圆弧半径的尺寸线的终端应画成箭头。标注直径时，应在尺寸前加“ϕ”，半径前加“R”；标注球面的直径或半径时，应在符号“ϕ”或“R”前再加注符号“S”。当圆弧的半径过大或在图纸范围内无法标出其圆心位置时，按图 1-48（b）的标注形式标注；若不需要标出其圆心位置时，按图 1-48（c）的形式标注。

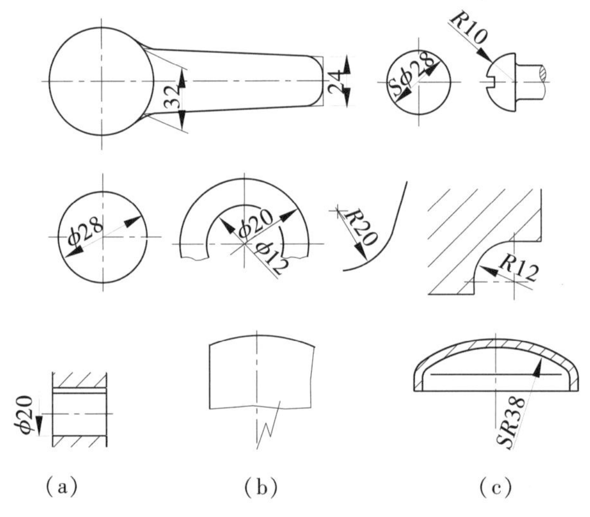

图 1-48　直径、半径尺寸标注

（3）标注弧角、弦长和弧长时，尺寸界线应平行于该弦的垂直平分线，标注弧线长度时，尺寸线用圆弧，并在尺寸数字上方加注符号“⌒”；当有几段同心弧时，可以箭头指出。如图 1-49 所示。

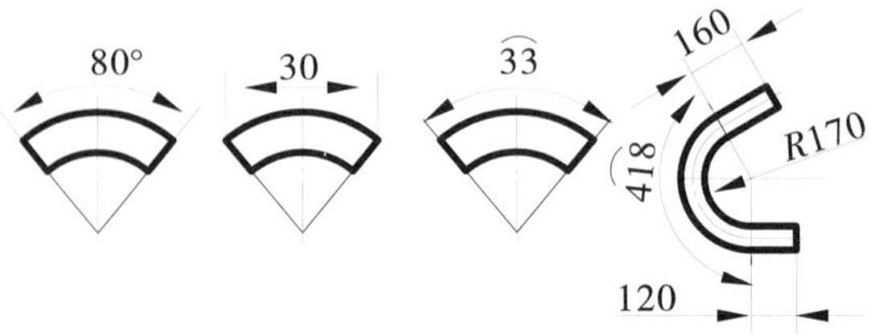

图 1-49　弧角、弦长和弧长标注

（4）标注线性尺寸时，尺寸线必须与所标线段平行；尺寸线不能用其他图线代替，一般也不得与其他图线重合或画在其延长线上。如图 1 – 50 所示。

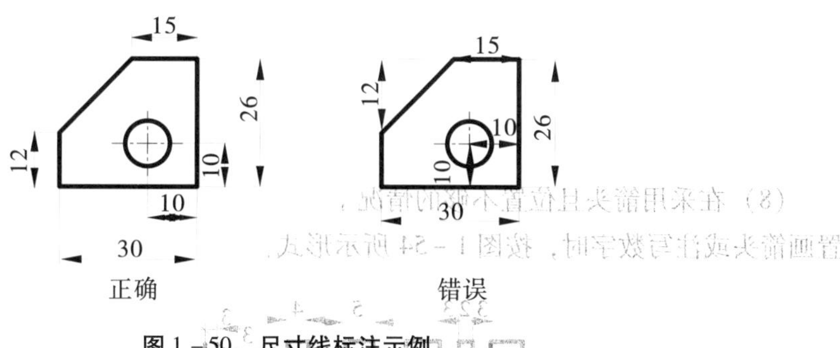

图 1 – 50　尺寸线标注示例

（5）标注角度时，尺寸线应画成圆弧，其圆心是该角的顶点。当对称机件的圆形只画一半或略大于一半时，尺寸线应略超过对称中心线或断裂处的边界线，此时仅在尺寸线的一端画出箭头，如图 1 – 51 所示。

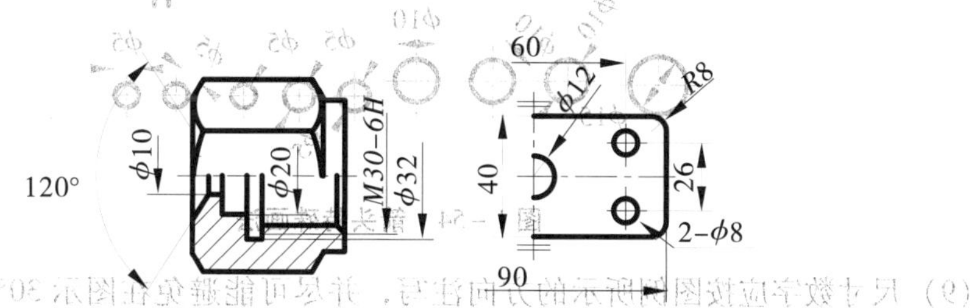

图 1 – 51　角度及对称机件尺寸线标注示例

（6）尺寸线应避免相交，如图 1 – 52 所示。

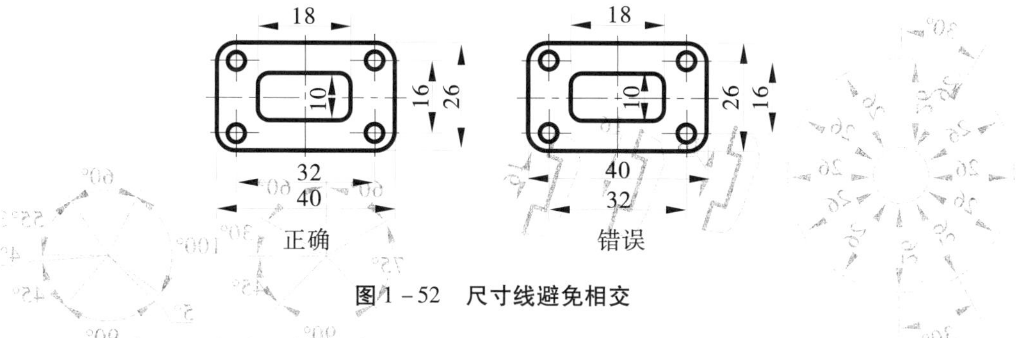

图 1 – 52　尺寸线避免相交

（7）尺寸线用细实线绘制，其终端可以有以下两种形式：

1）箭头：箭头适用于各种类型的图样，如图 1 – 53（a）所示。

2）斜线：斜线用细实线绘制，其方向和画法如图 1 – 53（b）所示。

当尺寸线与尺寸界线相互垂直时，同一张图样只能采用一种尺寸终端的形式。

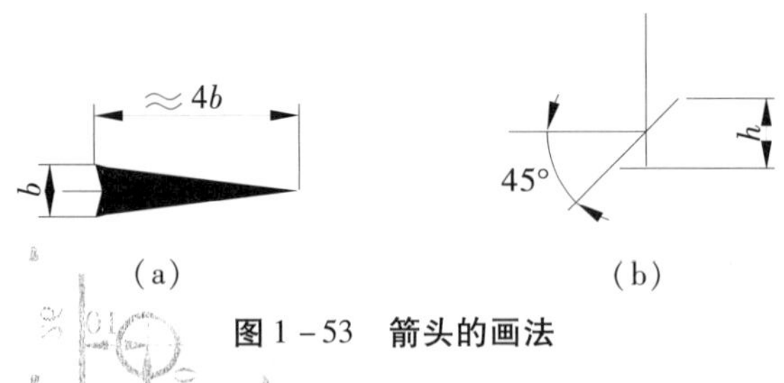

图 1－53　箭头的画法

（8）在采用箭头且位置不够的情况下，允许用圆点或斜线代替箭头；在没有足够的位置画箭头或注写数字时，按图 1－54 所示形式标注。

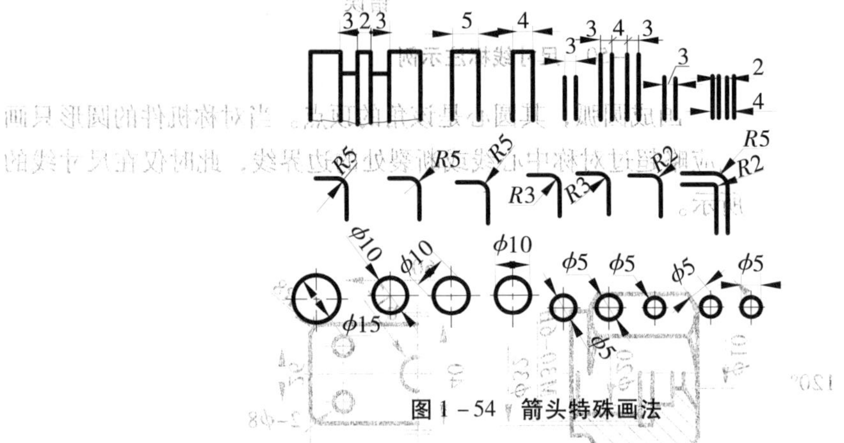

图 1－54　箭头特殊画法

（9）尺寸数字应按图例所示的方向注写，并尽可能避免在图示 30°范围内标注尺寸，当无法避免时可按图 1－55 所示的形式标注。角度数字一律写成水平方向，一般写在尺寸线的中断处，当位置不够时也可写成图示形式。位置不够时，也可以用引出法标注，如图 1－56 所示。尺寸数字不可被任何图线通过，否则，必须将该图线断开，如图 1－57 所示。

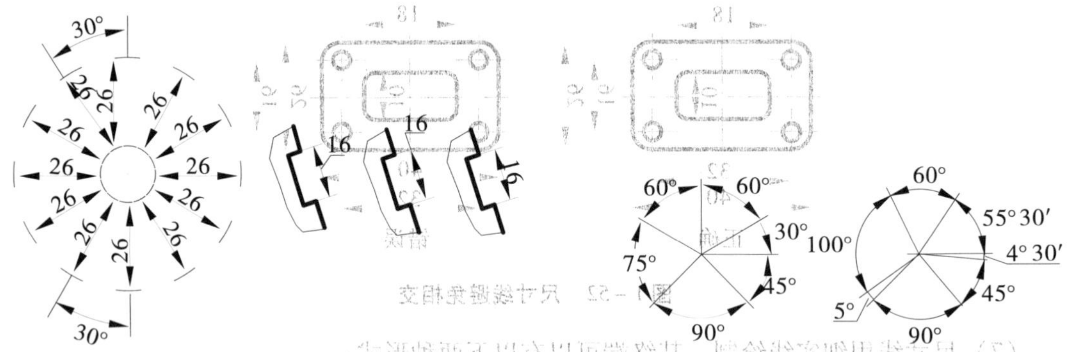

图 1－55　尺寸数字标注示例

图 1－56　角度数字标注示例

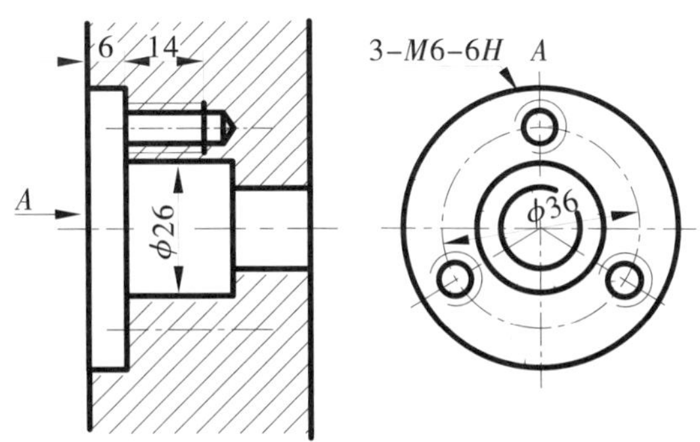

图 1－57 尺寸数字不可被任何图线通过

（10）标注剖面为正方形结构时，可在正方形边长尺寸数字前加注符号“□”，或用“$B \times B$”标注（B 为正方形的边长），如图 1－58 所示。

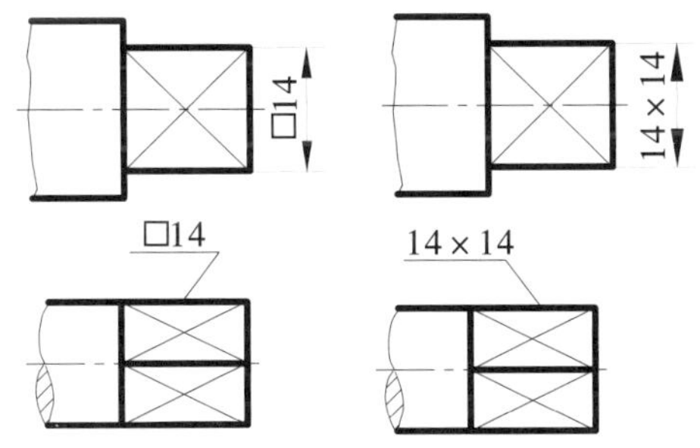

图 1－58 正方形结构标注

（11）标注板状零件的厚度时，可在尺寸数字前加注符号“t”，如图 1－59 所示。

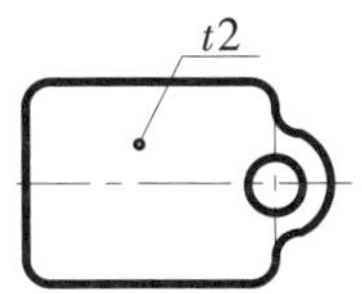

图 1－59 厚度标注

（12）斜度和锥度的符号画法与标注如图 1－60 所示。符号的方向应与斜度和锥度的方向一致。符号的线宽 $d = h/10$，h 为字体高。

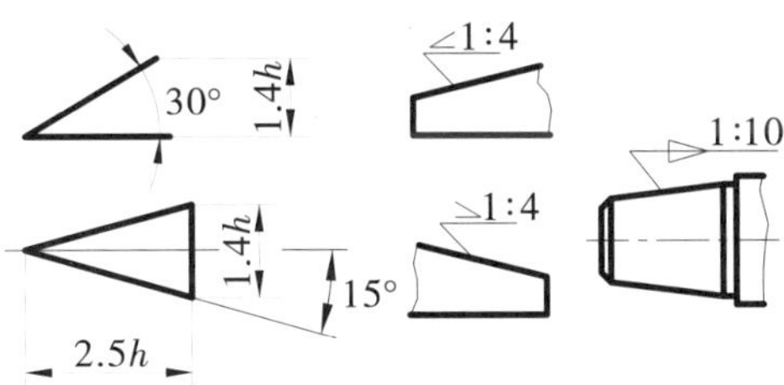

图 1－60 斜度和锥度标注

（13）标注尺寸的一般符号。标注尺寸时应尽可能用符号和缩写词，如表 1－13 所示。

表 1－13　标注尺寸的一般符号

名称	直径	半径	球直径 球半径	厚度	正方形	45° 倒角	深度	沉孔 或锪平	埋头孔	均布	弧度
符号或 缩写词	ϕ	R	$S\phi$ SR	t	□	C	↧	⌴	∨	EQS	⌒

（二）识记零件基本尺寸标注的相关知识

1．基本体的尺寸标注

（1）平面立体的尺寸标注。

平面立体一般应标注长、宽、高三个方向的尺寸。在图 1－61 中填写各平面立体的名称。

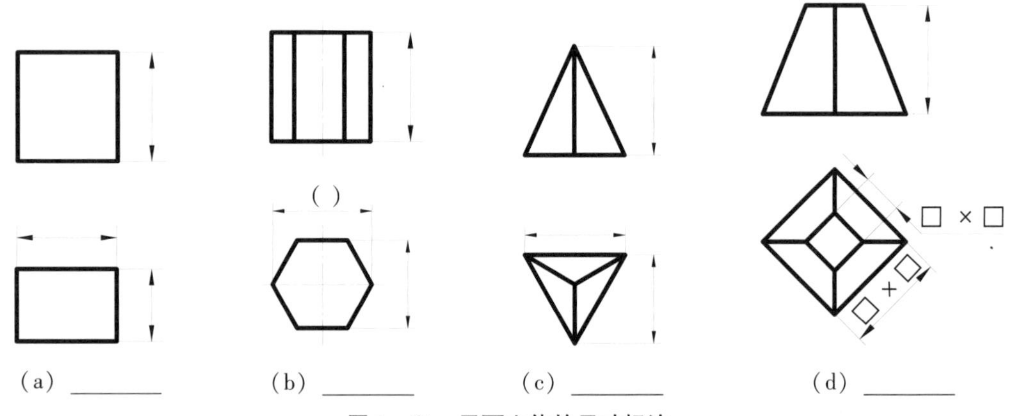

(a) ________　(b) ________　(c) ________　(d) ________

图 1－61　平面立体的尺寸标注

（2）回转体的尺寸标注。

回转体通常将尺寸标注在________视图上，只需一个视图即可确定回转体的形状和大小。在图 1－62 中填写各回转体的名称。

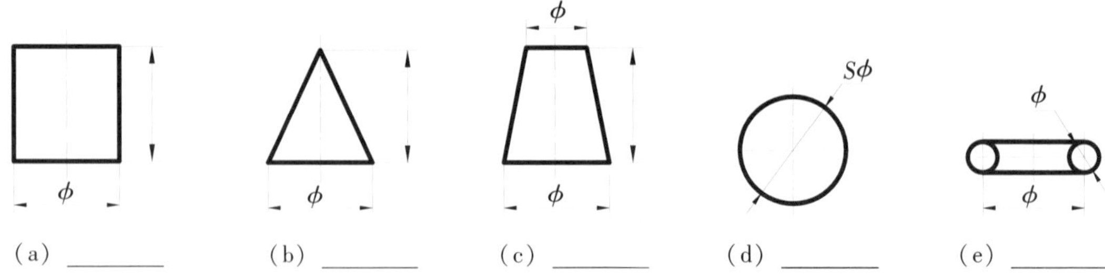

(a) ________　(b) ________　(c) ________　(d) ________　(e) ________

图 1－62　回转体的尺寸标注

2. 切割体的尺寸标注

为了读图方便，常在能反映立体形状特征的视图上集中标注________个坐标方向的尺寸。在截交线上________（A 能 B 不能）标注尺寸。图 1－63 中带“×”符号尺寸都是直接标注在截交线或相贯线上，是不合理的。

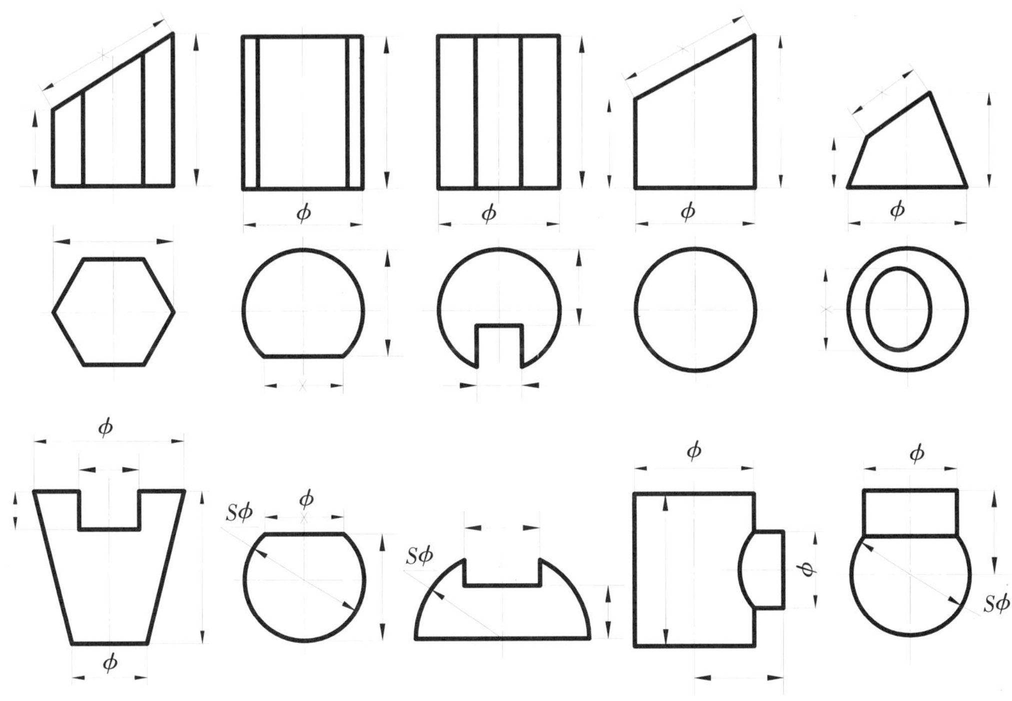

图 1－63 截切和相贯立体的尺寸标注示例

3. 对称立体的尺寸标注

对称立体的尺寸标注方法如图 1－64 所示。对称结构在标注尺寸时应注意______（A 能 B 不能）直接从图形的对称中心线（即对称面的投影，为点画线）引出尺寸界线进行标注，而应从两对称结构的重要几何要素引出尺寸界线进行标注。图 1－64 各图形中对称孔中心距的标注形式，均是从孔的垂直或水平中心线引出尺寸界线进行标注的，是合理的标注形式。而图中带“×”符号尺寸则是直接从图形的对称中心线（即对称面的投影）引出尺寸界线进行标注的，是不合理的。

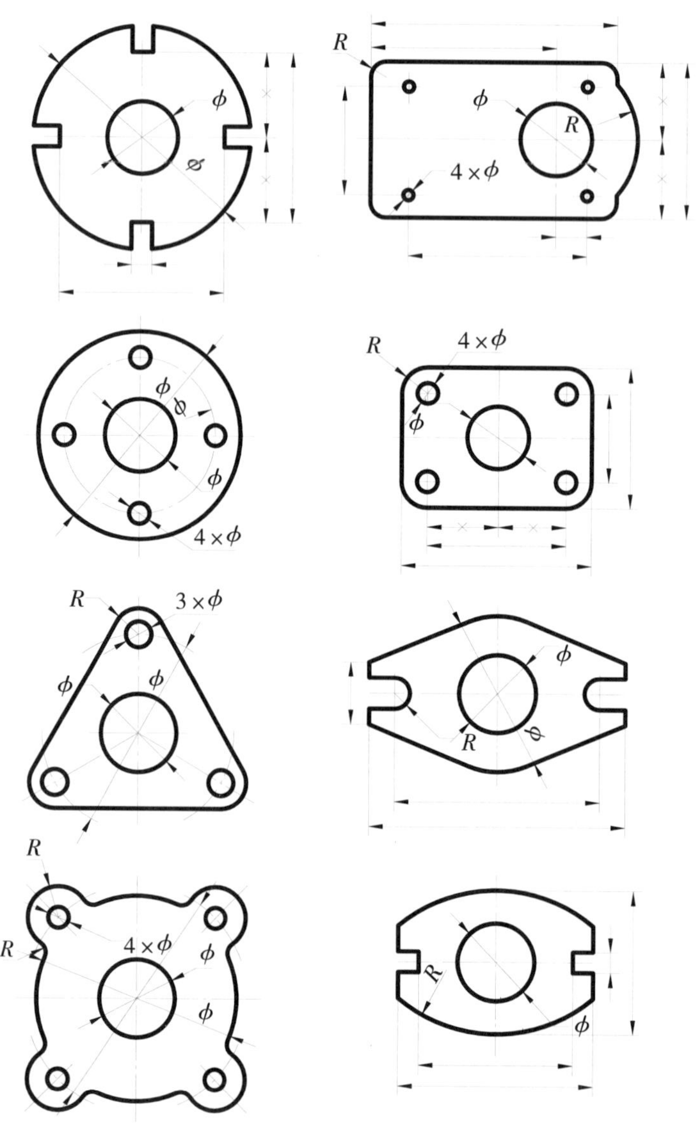

图 1－64　对称立体的尺寸标注

4. 零件图的尺寸标注

(1) 尺寸基准。

零件是一个空间形体，有________、________、________三个方向的尺寸。每个方向至少要有一个尺寸基准，如图 1－65 所示。确定尺寸位置的点、直线、平面称为尺寸基准，可作为尺寸基准的几何要素一般是对称形体的对称面、形体的较大平面、主要回转结构的轴线和中心线等的投影。

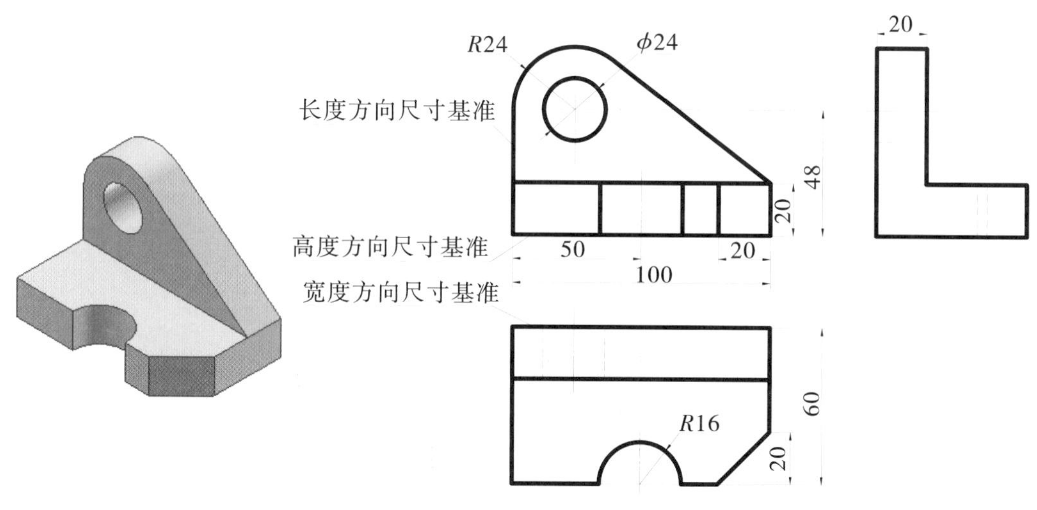

图 1-65 尺寸基准的选定

（2）定形尺寸。

确定零件各组成部分（基本形体）形状大小的尺寸，称为定形尺寸。图 1-65 中的定形尺寸有：____

____

（3）定位尺寸。

确定零件各组成部分（基本形体）之间相对位置的尺寸，称为定位尺寸。图 1-65 中的定位尺寸有：____

____

（4）总体尺寸。

确定零件外形的总长、总宽和总高的尺寸，称为总体尺寸。零件一般应标注长、宽、高三个方向的总体尺寸，但对于外形轮廓具有回转结构的零件，为了明确回转结构的轴线位置，可省略该方向的总体尺寸。

5. 完成轴类零件的基本尺寸标注

（三）识记零件尺寸公差及几何公差的相关知识

（1）简述设计基准的含义。

____

____

（2）简述工艺基准的含义。

____

____

（3）简述尺寸标注的原则。

____

____

（4）简述零件互换性的定义。

____

____

（5）看零件图填写尺寸。

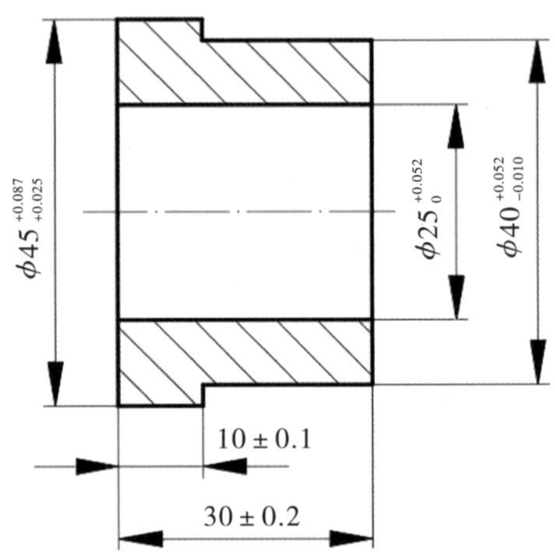

图 1－66　套筒零件尺寸

图 1－66 中表示孔的尺寸和轴的尺寸各有哪些？

____

____

（6）简述尺寸的定义。

____

____

（7）简述公称尺寸的定义。

____

____

（8）图 1－66 中 $\phi40^{+0.052}_{-0.010}$是________（A 孔　B 轴）的尺寸。

公称尺寸为____________（填写代号）＝____________

（9）简述尺寸偏差的定义。

____

____

（10）填写尺寸偏差计算公式。

表 1－14

尺寸偏差分类		孔代号	计算公式	轴代号	计算公式
实际偏差		E_a		e_a	
极限偏差	上极限偏差	ES		es	
	下极限偏差	EI		ei	

（11）图 1－66 中 $\phi 40^{+0.052}_{-0.010}$上极限偏差 es = ________；下极限偏差 ei = ________

（12）简述尺寸偏差的特点。

____

____

（13）简述极限尺寸的定义。

____

____

（14）完成极限尺寸分类及公式。

表 1－15

极限尺寸分类	概念	孔代号	计算公式	轴代号	计算公式
上极限尺寸	两个极端值中较大的一个	D_{max}		d_{max}	
下极限尺寸	两个极端值中较小的一个	D_{min}		d_{min}	

（15）图 1－66 中 $\phi 40^{+0.052}_{-0.010}$上极限尺寸 d_{max} = ____________（公式）= __________；下极限尺寸 d_{min} = ______________（公式）= ________

（16）图 1－66 中 $\phi 40^{+0.052}_{-0.010}$公差 T_s = ______________（公式）= ________

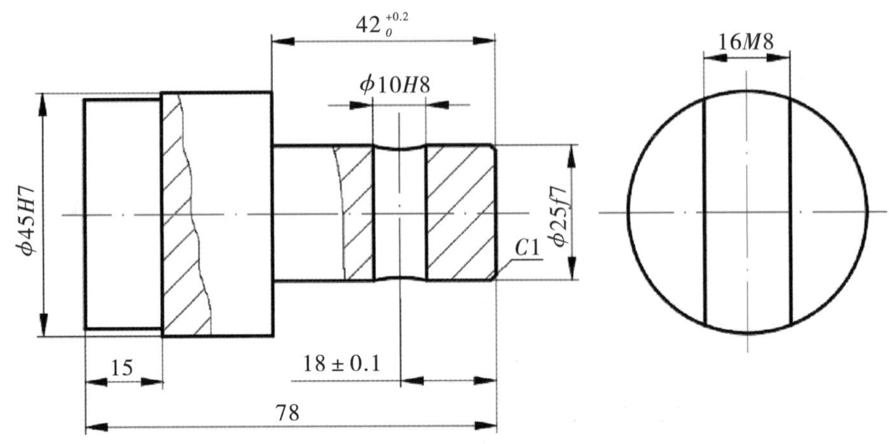

图1－67　尺寸公差

（17）简述图1－67中哪些尺寸有公差代号。

____

____

____

（18）一个完整的尺寸公差代号由________组成。

（19）看图1－67，简述 φ25f7 各数字及符号的含义。

____

____

____

（20）国家标准规定，标准公差的精度等级分为________等级，由________组成，分别为________，________精度最高，________精度最低。

（21）简述基本偏差的定义。

____

____

____

（22）孔的基本偏差用________（字母）表示，轴的基本偏差用________（字母）表示。

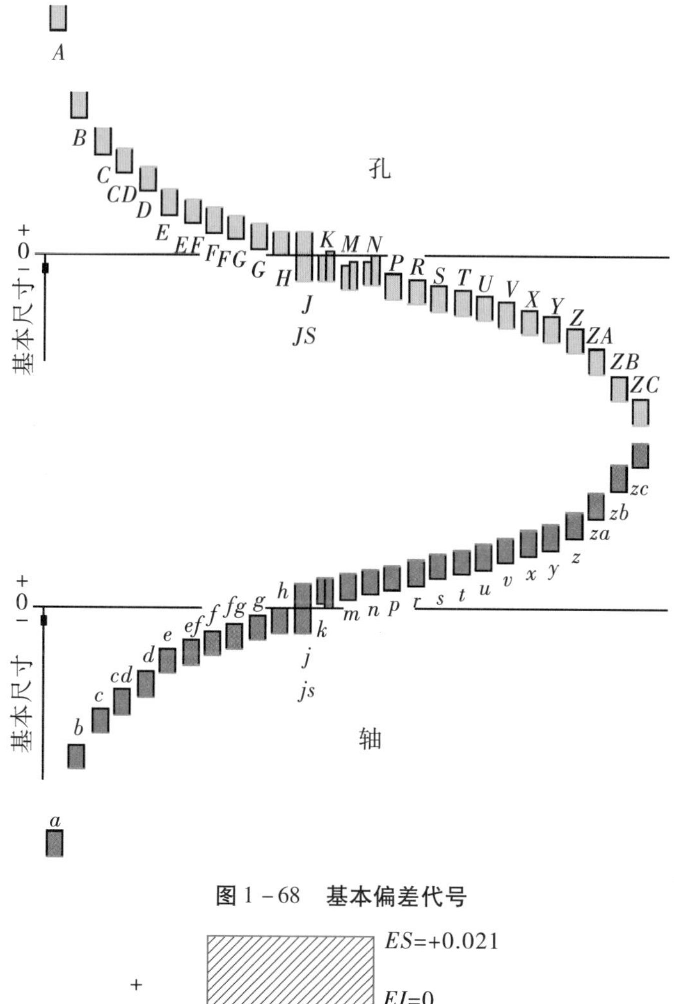

图 1－68　基本偏差代号

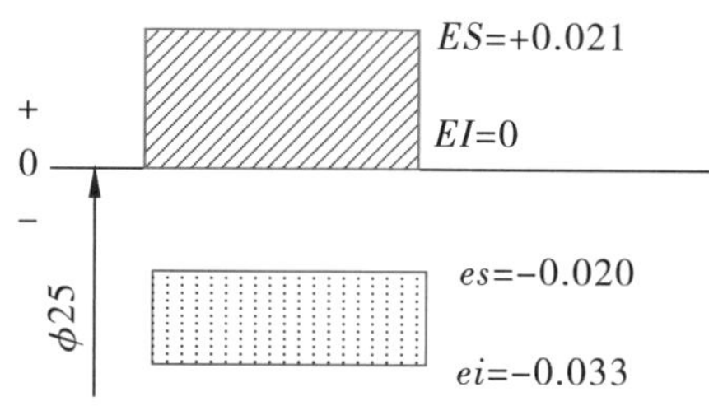

图 1－69　公差带图

（23）根据图 1－69 回答以下问题。

孔、轴的公称尺寸为________________

轴的基本偏差为________（A 上　B 下）偏差 =________________

孔的基本偏差为________（A 上　B 下）偏差 =________________

（24）查表确定 $\phi25f7$ 的上极限偏差、下极限偏差数值。

（25）简述配合的含义。

（26）简述配合的类型。

（27）根据基本偏差系列图，孔的哪些基本偏差代号与轴的哪些基本偏差代号是间隙配合？哪些是过渡配合？哪些是过盈配合？

（28）简述配合制的含义及种类。

（29）简述基孔制的含义。

（30）简述基轴制的含义。

（31）分析配合尺寸 $\phi38\,\frac{H7}{s6}$、$\phi18\,\frac{F7}{h6}$，并填写表 1－16。

表 1－16

配合件	基本尺寸	极限偏差		极限尺寸		尺寸公差	极限间隙（过盈）		公差与配合图解
		上	下	max	min		X_{max} (Y_{min})	X_{min} (Y_{max})	

（32）完善手工绘制的轴零件图中的尺寸标注，并完成学习活动 4 评价表中相关内容的评价。

（33）简述几何公差的基本概念。

____

____

____

（34）填写表 1－17。

表 1－17

公差类型	几何特征	符号	有无基准
形状公差	直线度		
	平面度		
	圆度		
	圆柱度		
	线轮廓度		
	面轮廓度		
方向公差	平行度		
	垂直度		
	倾斜度		
	线轮廓度		
	面轮廓度		
位置公差	位置度		
	同心度（用于中心点）		
	同轴度（用于轴线）		
	对称度		
	线轮廓度		
	面轮廓度		
跳动公差	圆跳动		
	全跳动		

（35）几何公差要求在图样中一般以________________的形式给出，由______________等组成。

（36）基准符号由_________________组成，方框内字母应_________书写。请画出基准符号________。

（37）几何要素按其在形位公差中所处的地位分为________要素和________要素。

（38）分析图 1－70 中 [⌯ | 0.06 | C] 被测要素是____________________，基准要素是_________________。

（39）分析图 1－70 中 [// | 0.03 | B] 被测要素是____________________，基准要素是_________________。

（40）分析图 1－70 中 [⌭ | 0.05] 被测要素是_________________，基准要素是_______________。

（41）分析图 1－70 中 [⊥ | ϕ0.01 | B] 被测要素是____________________，基准要素是_________________。

（42）分析图 1－70 中 [◎ | ϕ0.03 | A] 被测要素是____________________，基准要素是_________________。

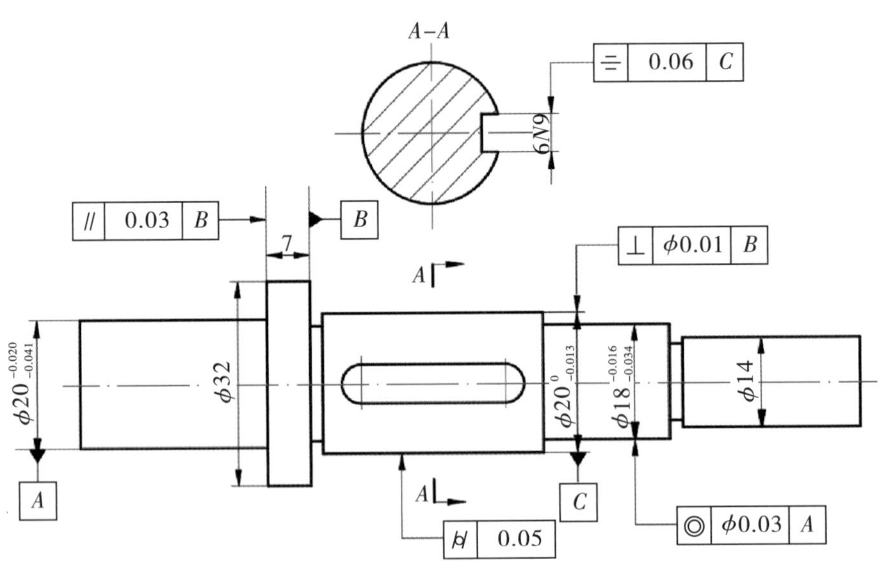

图 1－70　几何公差

（43）请在图 1－71 中标注如下几何公差。

1）$\phi 48f7$ 圆柱外表面圆柱度要求为 0.05 mm。

2）$\phi48f7$ 圆柱左端面相对于两处 $\phi18f7$ 圆柱公共轴线的垂直度要求为 0.015 mm。

3）$\phi48f7$ 圆柱轴线相对于两处 $\phi18f7$ 圆柱公共轴线的同轴度要求为 $\phi0.05$ mm。

4）两处 $\phi18f7$ 圆柱表面相对于两处 $\phi18f7$ 圆柱公共轴线的圆跳动为 0.015 mm。

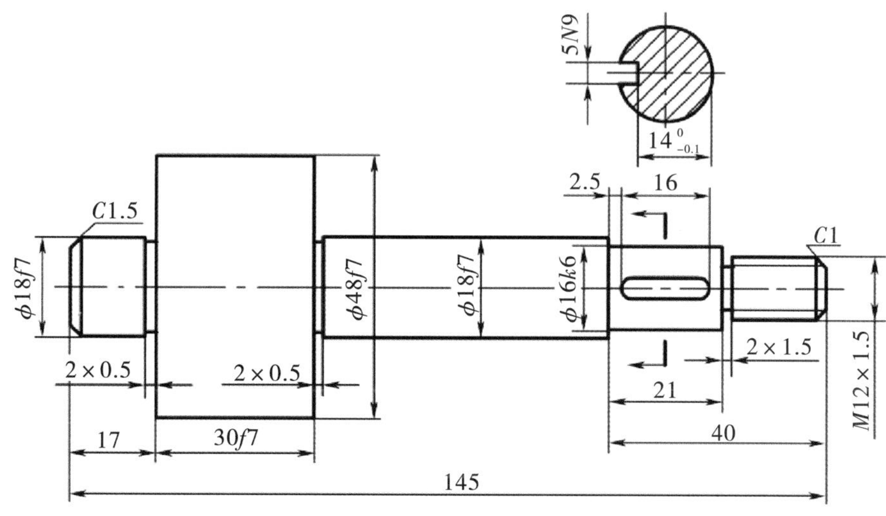

图 1－71　标注几何公差

（44）完善手工绘制的轴零件图中的几何公差尺寸，并完成学习活动 4 评价表中相关内容的评价。

（45）简述表面结构要求的含义。

____

____

（46）填写表面结构符号及其意义。

表 1－18

符号名称	符号	意义及说明
基本图形符号		
拓展图形符号		
完整图形符号		

（47）填写表面结构应用场合相应的符号。

表 1 – 19

符号	应用场合
	一般不重要的加工部位，如油孔、穿螺栓用的光孔、不重要的底面、倒角等
	尺寸精度不高，没有相对运动的部位，如不重要的端面、侧面、底面、螺纹孔等
	不十分重要但有相对运动的部位或较重要的接触面，如低速轴的表面、相对速度较高的侧面、重要的安装基面和齿轮、链轮、齿廓表面等
	传动零件中轴、孔配合部分；低、中速的轴承孔，齿轮的齿廓表面等
	较重要的配合面，如安装滚动轴承的轴和孔，有导向要求的滑槽等
	重要的配合，如高速回转的轴和轴承孔等

（48）根据给出的表面粗糙度参数及要求转换为表面结构代号，并在图 1 – 72 中标注表面结构代号。

表 1 – 20

序号	标注部位	参数及要求
1	$\phi38H6$ 圆柱孔	用去除材料的方法获得的表面，轮廓算数平均偏差 Ra 的单向上限值为 0.8 μm
2	$\phi50H7$ 圆柱孔及孔底	用去除材料的方法获得的表面，轮廓算数平均偏差 Ra 的单向上限值为 1.6 μm
3	键槽两侧及槽底	用去除材料的方法获得的表面，轮廓算数平均偏差 Ra 的单向上限值均为 3.2 μm
4	$\phi124$ 圆柱左端面	用去除材料的方法获得的表面，轮廓算数平均偏差 Ra 的单向上限值为 3.2 μm
5	V 带槽两侧面	用去除材料的方法获得的表面，轮廓算数平均偏差 Ra 的单向上限值均为 6.3 μm，下限值为 1.6 μm
6	其他表面	用去除材料的方法获得的表面，轮廓算数平均偏差 Ra 的单向上限值均为 6.3 μm

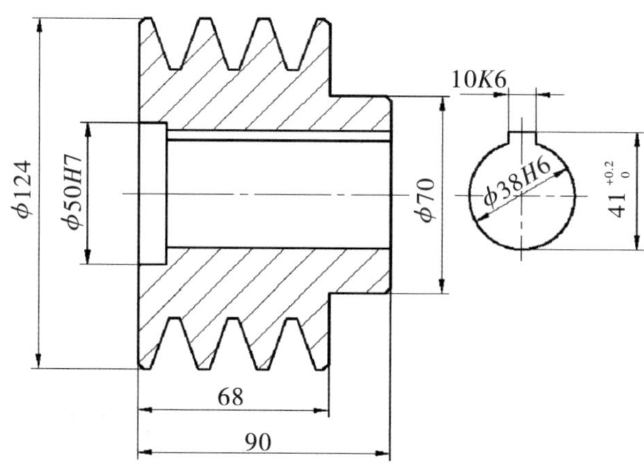

图 1－72　标注表面结构代号

（49）在手工绘制的轴零件图中标注表面结构要求，并完成学习活动 4 评价表中相关内容的评价。

七、尺规绘制零件工程图

1. 零件图的内容

零件图不但要反映出设计者的意图，还要考虑到制造的可能性和合理性。一张完整的零件图应具备如下内容：

（1）________：用视图、剖视图、断面图、局部放大图以及其他规定画法和简化画法，正确、完整、清晰和简便地表达出零件的各部分形状和结构。

（2）________：零件图中应正确、完整、清晰、合理地标注出制造和检验零件时所需的全部尺寸。

（3）________：零件图中必须用规定的代号、符号和文字注解标注出制造和检验零件时在技术指标上应达到的要求，如表面结构、尺寸公差、形位公差、材料和热处理、检验方法以及其他特殊要求等。

（4）________：说明零件的名称、材料、数量、比例、图号，以及设计、审核者的姓名、日期等内容。

2. 零件图的视图选择

零件图视图选择的原则是正确、完整、清晰地表达零件的结构形状以及各结构之间的相对位置，在便于看图的前提下，力求画图简便。在零件图中，可以采用前面学过的视图、剖视图、断面图等所有机件的表达方法。

在选择零件视图的时候，主视图是一组视图的核心，将直接影响零件图的表达效果。因此必须首先选好主视图，选主视图时必须同时考虑零件的________和________两个原则。

（1）投射方向。

“形状特征原则”是选择主视图投射方向的依据。主视图的投射方向，应选择最能反映零件各组成部分的结构形状及相对位置关系的方向。

如图 1－73 中的轴，该零件是由若干同轴回转体所组成的。它的轴向尺寸大，而径向尺寸小。如果选择 A 向作为主视图的投影方向，则能够清楚地表达出该轴各组成部分的结构形状和相对位置关系；如果选择 B 向作为主视图的投影方向，其投影为一系列的同心圆，因而无法表达该零件的结构特征及其各组成部分的相对位置关系。因此，A 向比 B 向好，应选择 A 向作为主视图的投射方向。

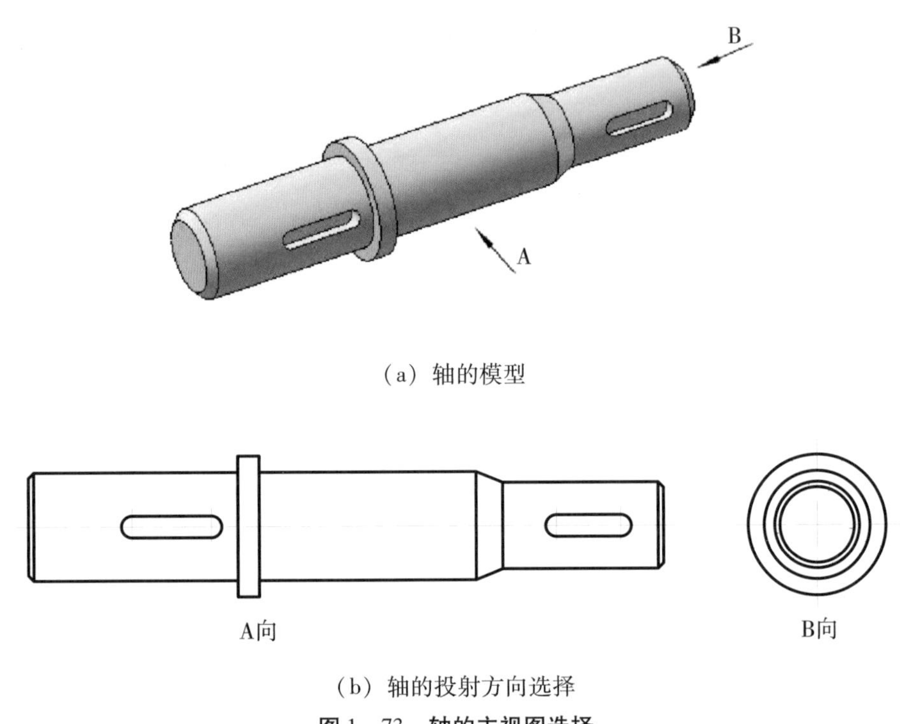

（a）轴的模型

（b）轴的投射方向选择

图 1－73　轴的主视图选择

（2）安放位置。

主视图投射方向确定后，还要考虑零件的安放位置。“加工位置原则”和“工作位置原则”是确定零件安放位置的主要依据。轴套类和盘盖类零件以加工位置为主要依据，叉架类和箱体类零件以工作位置为主要依据。

（3）其他视图的选择。

除简单的轴套类零件外，多数零件在选定主视图后还要适当地选择其他视图，用于补充表达主视图没有表达清楚的结构，从而完整、清晰地表达零件的内外形状，同时应兼顾尺寸标注的需要。其他视图选择时一般应考虑以下三个方面：

1）用形体分析或结构分析考虑零件的各组成部分，每一个视图都应有一个表达重点。在表示清楚的情况下，视图数量不宜过多，以免烦琐、重复。

2）优先考虑用基本视图以及在基本视图中作剖视。采用局部视图或斜视图时应尽量按投影关系配置并配置在相应位置附近，以便看图。

3）合理布置视图，充分利用图幅，使图样清晰、均匀。

3. 零件图纸的选择

根据零件大小你选择的零件图纸幅面为________________，图纸尺寸为___________，若不留装订边___________，则图框尺寸为________________，绘图比例为___________。

4. 绘制零件图

根据徒手绘制的零件草图，应用绘图工具手工绘制一份 A4 零件图，并完成学习活动 4 评价表中的相关内容。

图

纸

粘

贴

处

八、利用 AutoCAD 软件绘制零件工程图

1. 软件基本操作

（1）新建 AutoCAD 文件。

鼠标左键双击 AutoCAD 软件图标或者右键单击选择打开，新建图形样板文件，AutoCAD 图形样板文件类型默认为________________，默认的文件名为________________。

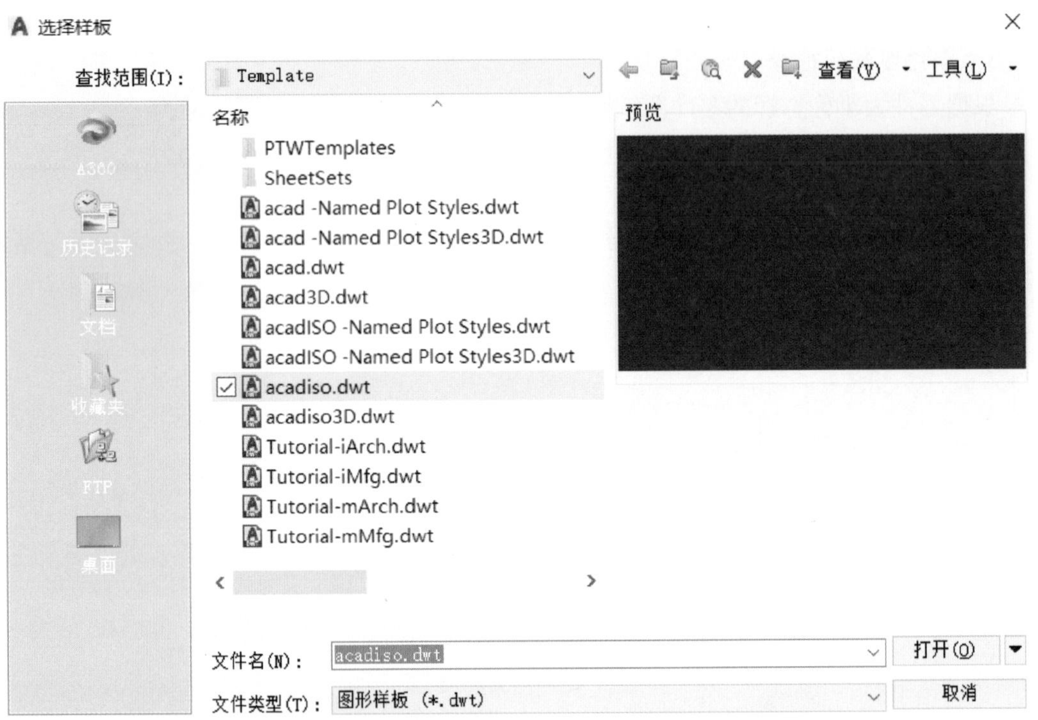

图 1－74　新建 AutoCAD 样板文件

（2）熟悉 AutoCAD 软件操作界面。

AutoCAD 界面中包括：标题行、绘图区、命令行、菜单栏、工具栏、状态栏，在图 1－75 中标注各区域名称。

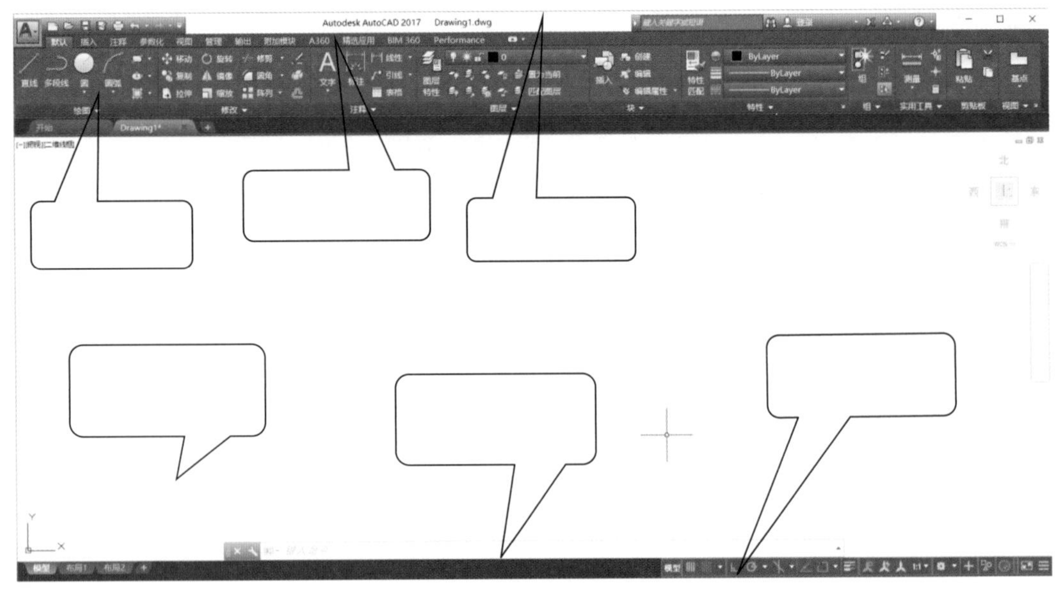

图 1－75　AutoCAD 操作界面

（3）关闭 AutoCAD 程序及文件。

AutoCAD 程序启动时，默认打开一个空白文件，同时可以打开多个图形文件。图形文件可以逐一关闭而不关闭程序，以便节省再次启动程序的时间。如图 1－76 所示，程序窗口右上角的“×”符号分别表示关闭 CAD 程序和关闭文件。

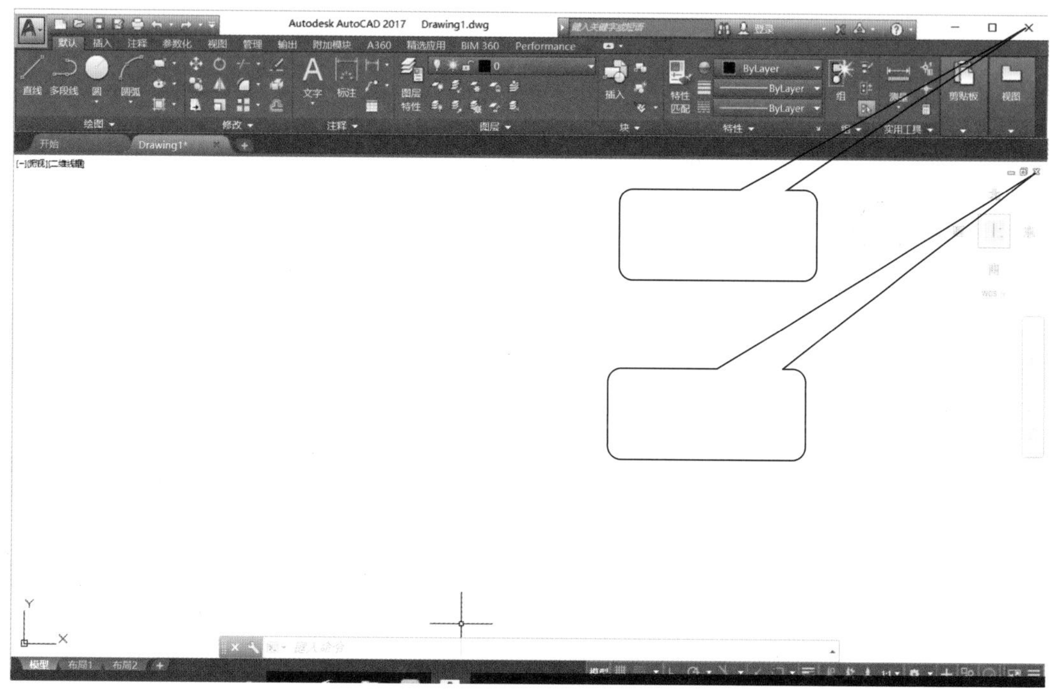

图 1－76 关闭文件和关闭程序

2. 鼠标的运用

通常使用滚轮鼠标。打开一个已有图形文件，表 1－21 左列是六种不同的鼠标操作，右侧是图形变化，请通过实际操作将左右项目对应起来。

表 1－21 鼠标的运用

左键点击屏幕绘图区		图形放大，但实际尺寸不变
右键点击屏幕绘图区		图形在屏幕中移动
滚轮向前滚动		图形以最大化显示在绘图窗口中
滚轮向后滚动		点击某一图素，该图素虚像，显示被选中
按住滚轮不放并拖动		激活快捷菜单
双击滚轮		图形缩小，但实际尺寸不变

3. 学会使用常用绘图命令

常用绘图命令有直线，矩形，多行文字 A，圆，椭圆，样条曲线，图案填充，定数等分（Divide）等。

（1）直线命令。

快捷键为________，通过输入直线两个端点的位置确定一条直线。端点确定方法及技巧有：

绘制任意长度任意角度的直线的操作是________________________________。

绘制已知两点水平距离、垂直距离的直线的操作是________________________。

绘制已知两点距离及两点连线与水平方向夹角的直线的操作是______________。

绘制已知两点在同一水平位置或垂直位置及两点距离的直线的操作是__________。

（2）矩形命令。

快捷键为________，通过输入两个对角点的位置确定矩形位置及大小。

命令拓展：在二维空间绘制带倒角、圆角、指定线宽、指定旋转角度的矩形。如图1－77所示，自左向右各矩形参数依次为：线宽0旋转30°；线宽10旋转10°圆角；线宽0无圆角无倒角；线宽20并倒角。请使用AutoCAD依次绘制。

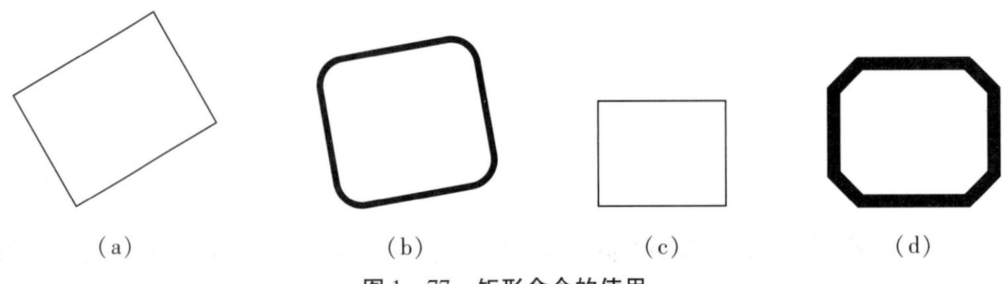

（a）　（b）　（c）　（d）

图1－77　矩形命令的使用

以图1－77为例，矩形尺寸为120×100，圆角半径20，线宽10，旋转角度10°，操作过程见表1－22：

表1－22　矩形的操作过程

屏幕提示	操作	说明
命令：	rec	启动矩形命令
指定第一角点或［倒角（C）标高（E）圆角（F）厚度（T）宽度（W）］：	F	选择“圆角”选项
指定矩形的圆角半径<0.00>：	20	指定圆角半径20
指定第一角点或［倒角（C）标高（E）圆角（F）厚度（T）宽度（W）］：	W	选择“宽度”选项
指定矩形的线宽<0.00>：	10	指定线宽为10
指定第一角点或［倒角（C）标高（E）圆角（F）厚度（T）宽度（W）］：	鼠标左键点击第一点	指定矩形第一角点

（续上表）

屏幕提示	操作	说明
指定另一个角点或［面积（K）尺寸（D）旋转（R）]：	R	选择“旋转”选项
指定旋转角度或［拾取点（P）]：	10	指定角度10°
指定另一个角点或［面积（K）尺寸（D）旋转（R）]：	D	选择“尺寸”选项
指定矩形的长度 <0.00>：	120	指定长度为120
指定矩形的宽度 <0.00>：	100	指定宽度为100
指定另一个角点或［面积（K）尺寸（D）旋转（R）]：	指定另一角点相对于第一角点的位置	
命令：		完成操作，退出命令到待命状态

（3）多行文字 A 命令。

快捷键为________。

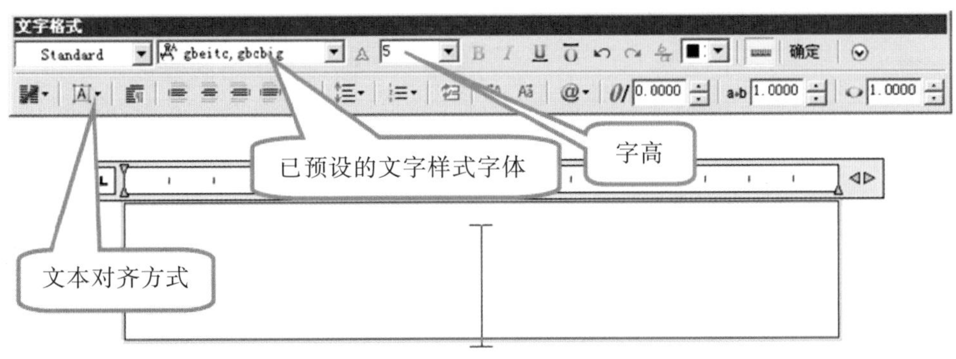

图1－78　文字格式

（4）圆 命令。

快捷键为________，绘制圆的六种方法为：________________________

____

____

____

（5）椭圆命令。

快捷键为________，绘制椭圆的两种方法为：________________________________

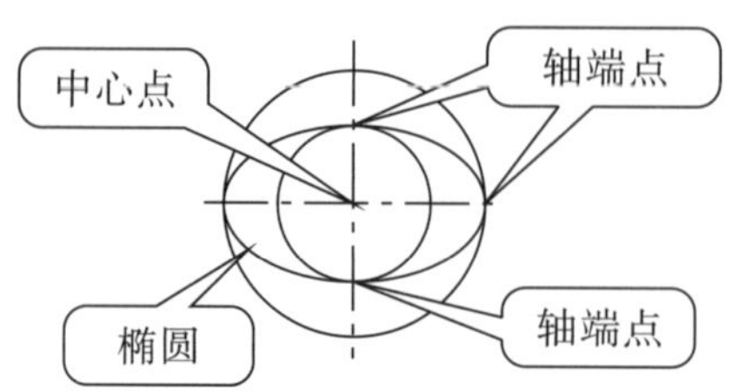

图 1－79　椭圆的画法

（6）样条曲线命令。

快捷键为________，借用于绘制剖切边界线。要素：起点，中间点，端点，起点切向，端点切向。

（7）图案填充命令。

快捷键为________。填充三要素，即围蔽的空间、图案名称、图案参数（角度和密度）。

（8）定数等分（divide，菜单“绘图”→“点”→“定数等分”）。

快捷键为________。定数等分是用一系列的节点将图形按指定的数量在等分点做标记，图形实际未被分割。标记点为“节点”，捕捉标记点可激活对象捕捉功能中的节点捕捉。

4. 学会使用常用修改命令

常用修改命令有偏移、删除，修剪，旋转，镜像，圆角，倒角，阵列等。

（1）偏移命令。

快捷键为________，创建与选定图线平行的新对象。三个要素是平行图线间的距离、偏移的对象、偏移的方向（即向原对象的那一侧偏移）。

（2）删除命令。

快捷键为________，删除不需要的图线。

（3）修剪命令。

快捷键为________，以一个或多个图素为边界，将超出边界的其他图形剪去。

（4）旋转命令。

快捷键为________，将一个或多个图素围绕基点转过指定的角度。

（5）镜像命令。

快捷键为________，复制一个或多个图素，使它们与原有图素沿某一条线对称。

（6）圆角命令。

快捷键为________，使用已知半径的圆弧连接两个图素，圆弧与两个图素分别相切。

（7）倒角命令。

快捷键为________，使用成一定角度的直线连接两个图素，可以用距离或角度的方式定义这条直线。

（8）阵列命令。

快捷键为________，按照特定的规律复制多个相同的图素，有两种阵列形式，分别为：____

____

____

（9）多线（多线样式）：

多线是一条由多条平行线组成的图素，系统默认值是 2 条平行线。绘制多线要先设置多线样式，启动“格式”菜单→“多线样式”命令。

5. 创建模板文件，设置系统参数

（1）新建图形文件。

要求：以 acadiso. dwt 为模板创建新图形文件。

（2）设置图形界限，根据图纸大小，左下角定在（0，0）坐标原点，右上角定在（297，210）。

（3）设置长度单位取十进制，精度为小数点后 3 位；角度单位为度分秒制，精度为 0 d。使用 mm 为绘图单位。

（4）设置图层、线型、颜色、线宽。

表 1－23

层名	颜色	线型	线宽	绘制内容
01	白色（white）	Continuous	0. 50 mm	
02	绿色（green）	Continuous	0. 25 mm	
04	黄色（yellow）	ACAD_ ISO2W100	0. 25 mm	
05	红色（red）	ACAD_ ISO4W100	0. 25 mm	
07	粉红色（magenta）	ACAD_ ISO5W100	0. 25 mm	
08	白色（white）	Continuous	0. 25 mm	

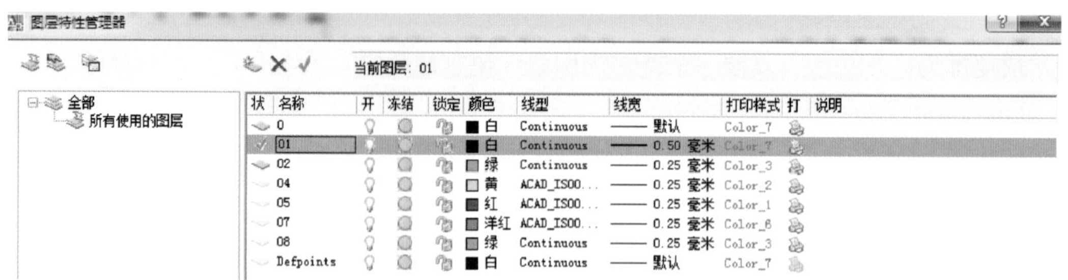

图 1－80　图层设置

（5）设置文字样式。字体名为__________，大字体改为__________。

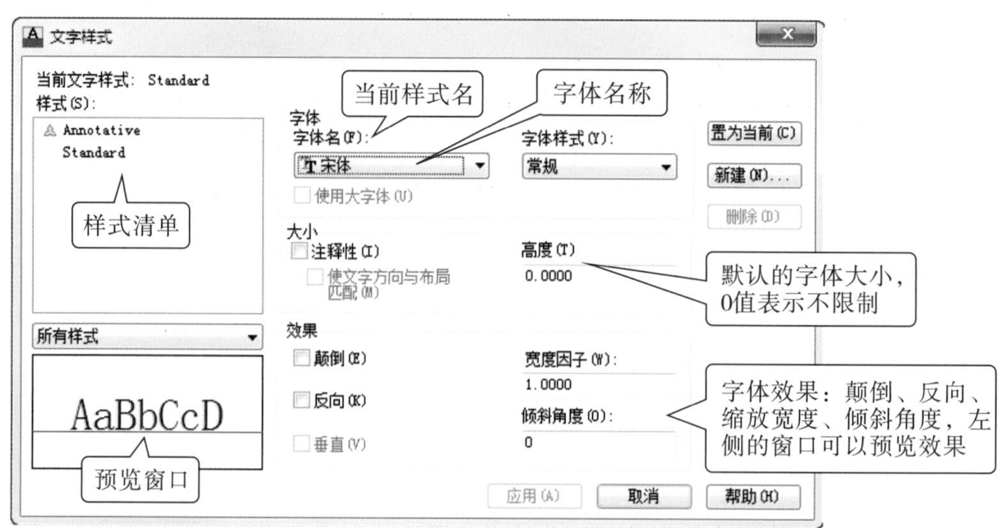

图 1－81　设置文字

（6）设置标注样式。

表 1－24

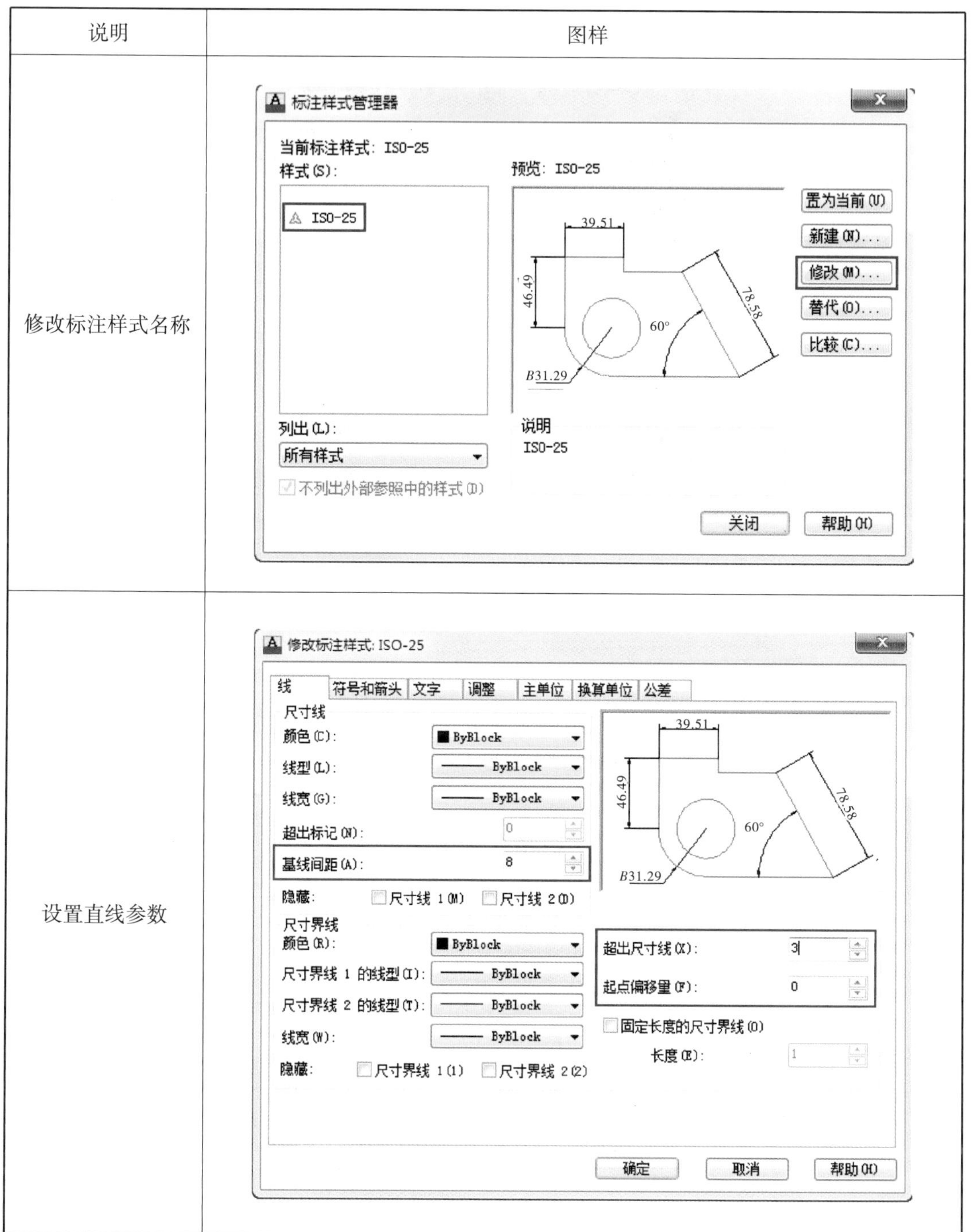

说明	图样
修改标注样式名称	
设置直线参数	

（续上表）

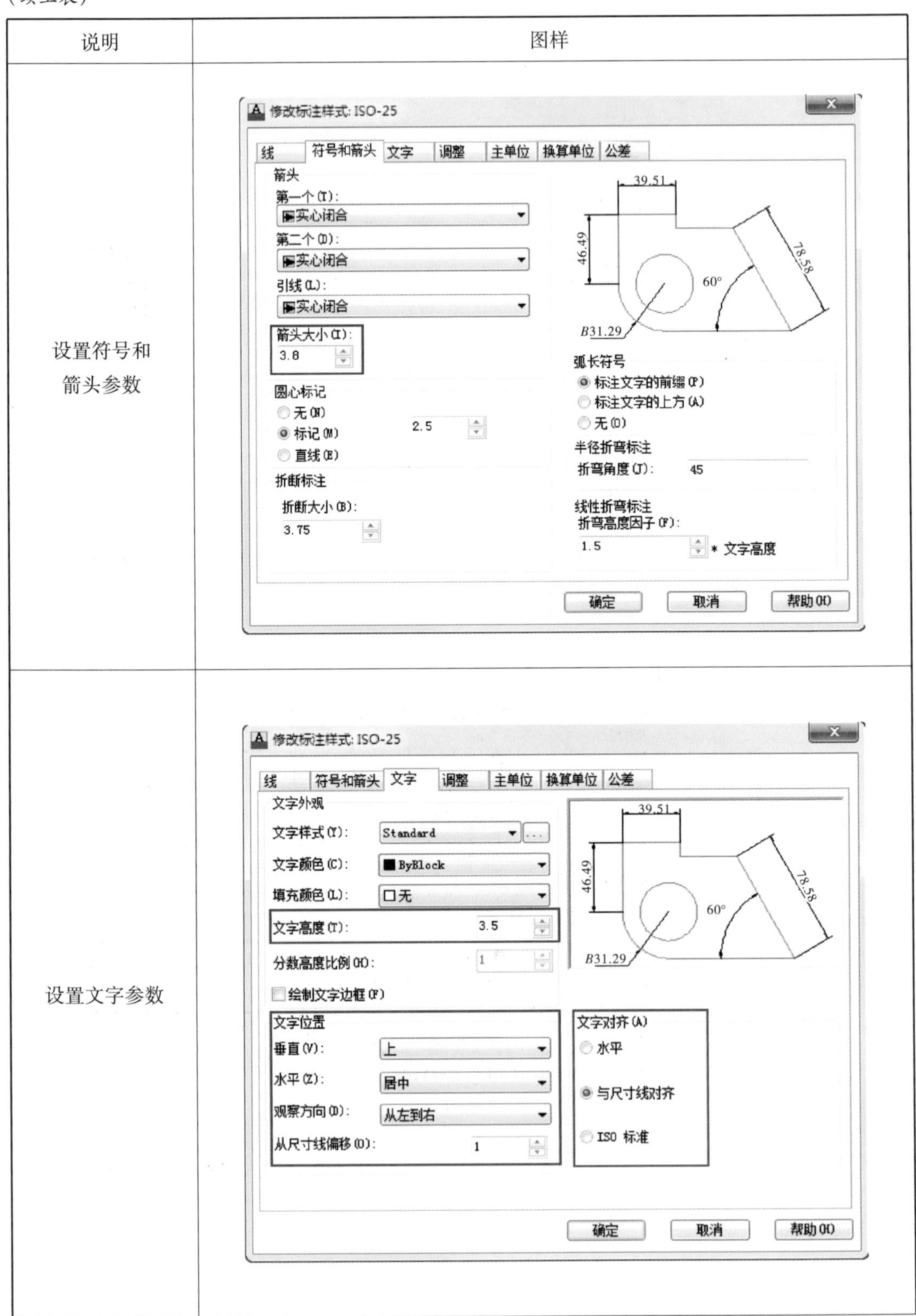

说明	图样
设置符号和箭头参数	
设置文字参数	

（续上表）

说明	图样
设置调整参数	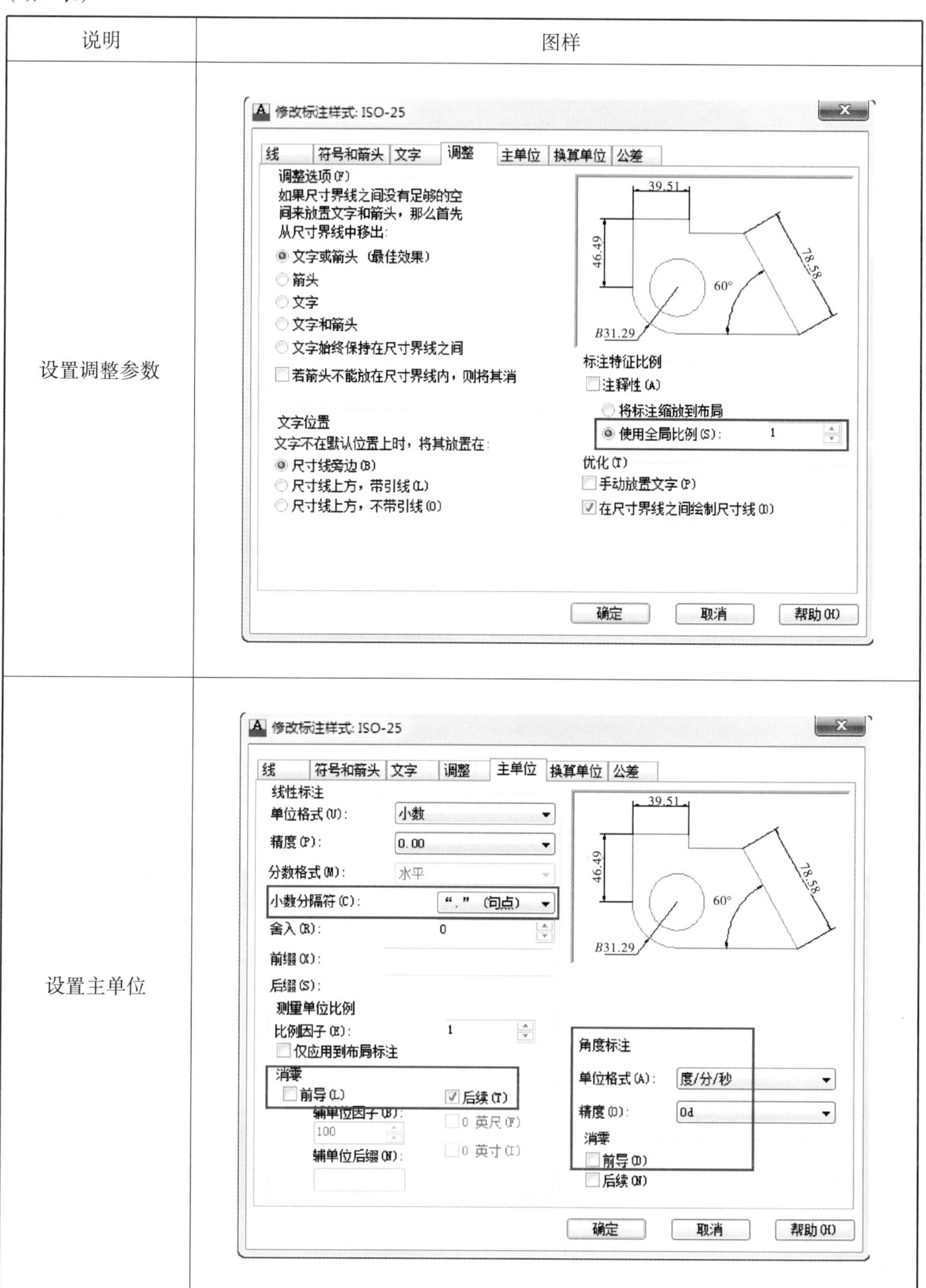
设置主单位	

(7) 设置粗糙度属性。

定义粗糙度属性的步骤为：______________________________

____

____

____

____

____

____

(8) 选定图层，绘制图框和标题栏。

根据国标规定，图纸边界线 A4 横放尺寸为底边________，高________，无装订边，图纸内框与外框相距 10。

根据图纸，标题栏放置在内框________（A 右下角 B 左下角），底边________，高______，有两种字号，分别为________mm、________mm。

(9) 保存为 A4 的样板文件。简述 DWT 格式与 DWG 格式的区别。

____

____

____

6. 绘制零件工程图

调用样板文件，绘制轴的零件工程图，并完成学习活动 4 评价表中相应的内容评价。

图纸粘贴处

学习活动④ 成果审核及总结评价

学习目标

展示汇报轴类零件测绘的成果，能够根据评价标准进行自检，并能审核他人成果以及提出修改意见。

建议学时

2 学时

学习过程

一、总结

总结本任务中在拆解、草绘、测量、手绘、机绘过程中遇到的困难及解决方法。

二、填写评价表

如实完成评价表中的内容。

表 1－25

模块	评价内容	自评	他评
工作态度 （10 分）	参与任务的积极性 5 分 （非常积极 5 分，一般 2 分，不积极 0 分）		
	在规定的时间内完成任务 5 分 （完成 5 分，未完成 0 分）		
拆解 （10 分）	1. 拆装工具使用不正确一处扣 2 分 2. 动作是否规范，错误一处扣 2 分 3. 拆卸物摆放不规范一处扣 2 分 4. 违反安全操作规程扣 2～5 分 5. 工作台及场地脏乱扣 2～5 分		
草绘 （10 分）	视图表达不合理或未能完整表达扣 5～10 分		

（续上表）

模块	评价内容	自评	他评
测量 （20分）	1. 测量器具使用错误一次扣5分 2. 数据处理错一处扣3分 3. 尺寸、公差标注不完整扣5分 4. 表面质量标注不合理，不含技术要求扣5分		
手工绘图 （25分）	1. 图纸选择不合理扣3分 2. 绘制比例选择不合理扣5分 3. 视图表达不合理或未能完整表达扣10～15分 4. 线型使用错误一处扣1分 5. 中心线超出轮廓线3～5 mm，超出或不足每处扣1分 6. 图线使用错误一处扣2分 7. 字体书写不认真一处扣2分 8. 漏画、错画一处扣5分 9. 图面不干净、不整洁扣2～5分 10. 尺寸标注不合理一处扣2分 11. 漏标、多标一处扣2分 12. 标注不规范（尺寸数字、尺寸界线、尺寸线、箭头其中之一不规范）一处扣1分		
计算机绘图 （25分）	1. 图幅、图框、标题栏、文字、图线每错一处扣2分 2. 整体视图表达、断面绘制准确，一个视图表达有误扣10分 3. 图线尺寸、图线所在图层每错一处扣2分 4. 中心线超出轮廓线3～5 mm，超出或不足每处扣1分 5. 绘图前检查硬件完好状态，使用完毕整理回准备状态，没检查、没整理每项扣5～10分		
总分（100分）			

盘类零件测绘

学习目标

（1）通过阅读任务书，明确任务完成时间和资料提交要求，通过查阅资料明确齿轮零件的几何参数、传动比的含义，通过查阅技术资料或咨询教师进一步明确任务要求中不懂的专业技术指标，最终在任务书中签字确认。

（2）能够分解测绘盘类零件的工作内容及工作步骤，并能制订出测绘盘类零件的工作计划表。

（3）能够通过阅读产品说明书、观察产品结构等方式讲述产品的功能原理，并能制订出产品的拆解方案。

（4）能够根据说明书，叙述落地风扇摇头工作原理。

（5）能够叙述平面连杆机构的类型。

（6）能够正确使用各种测量工具，能针对不同的零件结构特征选择合适的测量工具进行测量，并能正确读数。

（7）能够叙述齿轮的传动类型。

（8）能够叙述蜗轮蜗杆的分类。

（9）能够叙述直齿圆柱齿轮的主要参数。

（10）能够正确计算直齿圆柱齿轮各几何参数的尺寸。

（11）能够根据齿轮零件的结构特点选择合适的视图表达方案，并能进行徒手绘图以及根据国家制图标准进行尺规绘图。

（12）能够查阅资料对轴类零件进行尺寸分析并能准确、全面地标注尺寸。

（13）能够熟练使用 AutoCAD 软件的各项命令，并能利用 AutoCAD 软件对盘类零件进行零件图绘制。

（14）展示汇报盘类零件测汇的成果，能够根据评价标准进行自检，并能审核他人成果以及提出修改意见。

建议学时

48 学时

工作情境描述

某家电企业要开发一款新型电风扇，要求在原基础上添加 LED 显示屏、红外线遥控等功能。经结构工程师分析，落地扇的齿轮结构是该项目的核心部分，需要对市场上热销的某品牌落地扇的齿轮零件进行测绘，得出齿轮轮系的传动比，用于传动力分析对比，以便后续的开发设计，该项工作的成功将大大提升产品的竞争力。齿轮的测绘有非常严格的要求及标准规范，不仅要进行齿轮测绘，还要进行齿轮参数的计算，需要非常扎实的专业技能才能完成此项任务。企业工程师得知工业设计专业是高级班，学生有比较强的计算能力，咨询我校能否安排在校生帮助他们完成该项重要且计算量较大的工作。教师团队认为在教师的指导下，学生通过学习相关专业内容，应用现有的量具及绘图工具完全可以胜任。企业提供电风扇样品，希望我们能在样品到货四周内完成所有样品中齿轮零件的测绘，计算出整个轮系的传动比，并汇总所有齿轮的参数。绘制的图纸须由专业教师审核签字，提交企业打印版及电子版图纸。优秀作品在学业成果展中展示，并由企业为获得优秀作品的学生提供现场参观机会作为奖励。

工作流程与活动

明确任务（1 学时）
制订工作计划（1 学时）
测绘盘类零件（44 学时）
成果审核及总结评价（2 学时）

学习活动 1 明确任务

学习目标

通过阅读任务书，明确任务完成时间和资料提交要求，通过查阅资料明确齿轮零件的几何参数、传动比的含义，通过查阅技术资料或咨询教师进一步明确任务要求中不懂的专业技术指标，最终在任务书中签字确认。

建议学时

1 学时

学习过程

表 2－1 任务书

<table>
<tr><td colspan="2">单号：　　　　　　　　　开单部门：　　　　　　　　　开单人：
开单时间：　　　年　月　日　时　分
接单部门：工程部结构设计组</td></tr>
<tr><td>任务概述</td><td>某家电企业要开发一款新型电风扇，要求在原基础上添加 LED 显示屏、红外线遥控等功能。经结构工程师分析，落地扇的齿轮结构是该项目的核心部分，需要对市场上热销的某品牌落地扇的齿轮零件进行测绘，得出齿轮轮系的传动比，用于传动力分析对比，以便后续的开发设计，该项工作的成功将大大提升产品的竞争力。齿轮的测绘有非常严格的要求及标准规范，不仅要进行齿轮测绘，还要进行齿轮参数的计算，需要非常扎实的专业技能才能完成此项任务，企业工程师得知工业设计专业是高级班，学生有比较强的计算能力，咨询我校能否安排在校生帮助他们完成该项重要且计算量较大的工作。教师团队认为在教师的指导下，学生通过学习相关专业内容，应用现有的量具及绘图工具完全可以胜任。企业提供电风扇样品，希望我们能在样品到货四周内完成所有样品中齿轮零件的测绘，计算出整个轮系的传动比，并汇总所有齿轮的参数。绘制的图纸须由专业教师审核签字，提交企业打印版及电子版图纸。优秀作品在学业成果展中展示，并由企业为获得优秀作品的学生提供现场参观机会作为奖励</td></tr>
<tr><td>提供的产品以及工具</td><td>落地风扇一台（内含说明书）
工具箱一套
游标卡尺一把，千分尺，R 规一套</td></tr>
<tr><td>任务完成时间</td><td></td></tr>
<tr><td>接单人</td><td>（签名）　　　　　　　　　年　月　日</td></tr>
</table>

(1) 阅读任务书。

独立阅读工作页中的任务书，明确任务完成时间和资料提交要求，包括齿轮零件的测绘、提交打印版及电子版的零件图纸。用荧光笔在任务书附页中画出关键词，并记录关键词，其中需要进一步了解的词用星号标注。

(2) 简述盘类零件、齿轮零件的含义。

(3) 简述传动比定义。

(4) 简述齿轮的主要参数。

(5) 简述轮系的定义。

学习活动 2 制订工作计划

学习目标

能够分解测绘盘类零件的工作内容及工作步骤，并能制订出测绘盘类零件的工作计划表。

建议学时

1 学时

学习过程

（1）分解测绘盘类零件的工作内容及工作步骤，修订盘类零件测绘工作计划表中的内容。

（2）明确小组内人员分工及职责，并将小组人员分工安排填写在工作计划表中。

（3）估算阶段性工作时间及具体日期安排，并将计划时间填写在工作计划表中，在工作过程中记录实际工作时间。

表 2－2　盘类零件测绘工作计划表

序号	工作步骤	资源准备	工作要求	人员分工	时间安排	
					计划	实际
1	了解产品功能及整体结构					
2	制订拆解方案					
3	拆解样品提取齿轮零件					
4	齿轮零件草图手绘及尺寸记录					
5	尺规绘制零件工程图					
6	计算机 AutoCAD 软件绘制零件工程图					

学习活动③ 测绘齿轮零件

学习目标

（1）能够通过阅读产品说明书、观察产品结构等方式讲述产品的功能原理，并能制订出产品的拆解方案。

（2）能够根据说明书，叙述落地风扇摇头工作原理。

（3）能够叙述平面连杆机构的类型。

（4）能够正确使用各种测量工具，能针对不同的零件结构特征选择合适的测量工具进行测量，并能正确读数。

（5）能够叙述齿轮的传动类型。

（6）能够叙述蜗轮蜗杆的分类。

（7）能够叙述直齿圆柱齿轮的主要参数。

（8）能够正确计算直齿圆柱齿轮各几何参数的尺寸。

（9）能够根据齿轮零件的结构特点选择合适的视图表达方案，并能进行徒手绘图以及根据国家制图标准进行尺规绘图。

（10）能够查阅资料对轴类零件进行尺寸分析并能准确、全面地标注尺寸。

（11）能够熟练使用 AutoCAD 软件的各项命令，并能利用 AutoCAD 软件对盘类零件进行零件图绘制。

建议学时

44 学时

学习过程

一、了解产品功能及整体结构

1．电风扇摇头的结构

通过拆解电风扇，观察风扇的结构，明确电风扇摇头的工作原理，并在图 2－1 中相应位置填写结构名称。

图 2－1　电风扇摇头结构

2. 风扇包含的传动类型

根据风扇的结构，写出风扇包含的传动类型。

3. 电风扇摇头工作原理

根据图 2－2 电风扇摇头结构简图，描述摇头工作原理。

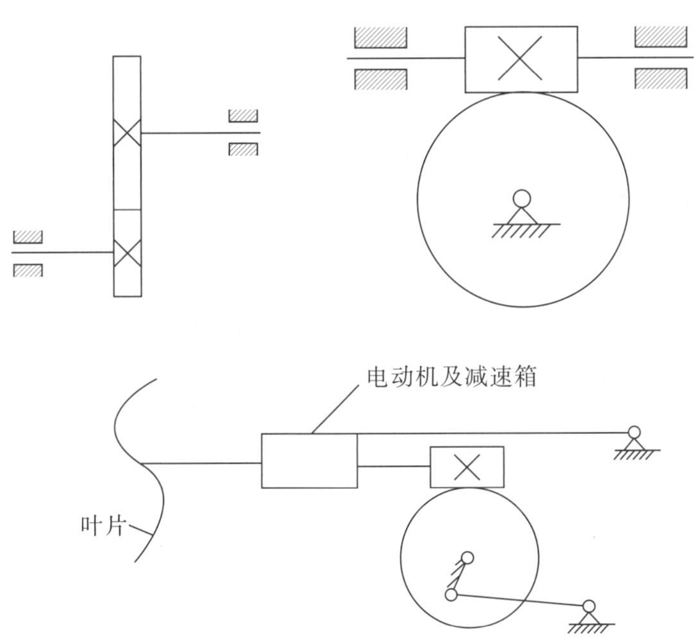

图 2－2　电风扇摇头结构简图

____

____

____

4. 各构件名称

根据图 2 -3 填写铰链四杆机构中各构件名称。

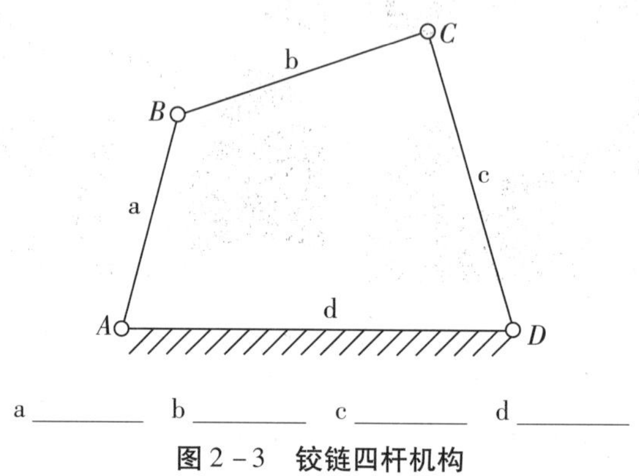

a ________ b ________ c ________ d ________

图 2 -3 铰链四杆机构

5. 常见的铰链四杆机构类型

常见的铰链四杆机构类型有：________，________，________。

6. 判断平面连杆机构的类型

铰链四杆机构中是否存在曲柄，取决于机构中各杆的相对长度以及机架的选择。铰链四杆机构中存在曲柄，必须同时满足以下两个条件：

（1）铰链四杆机构中最短杆与最长杆长度之和小于或等于其余两杆长度之和。

（2）连架杆和机架中必有一个是最短杆。

若有曲柄，且最短杆为机架，则为双曲柄机构；若最短杆为连架杆，则为曲柄摇杆机构。

请根据铰链四杆机构的基本形式和判别条件，确定平面连杆机构的类型。

注：若铰链四杆机构中最短杆与最长杆长度之和大于其余两杆长度之和，则无曲柄存在，不论以哪一杆为机架，只能构成双摇杆机构。

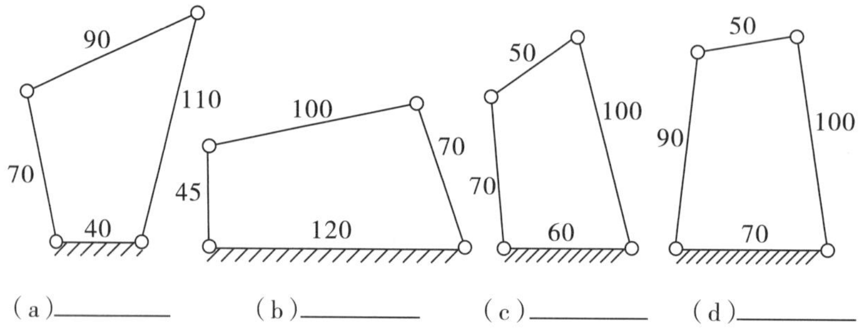

（a）________ （b）________ （c）________ （d）________

图 2 -4

二、制订拆解方案

根据产品结构制订拆解方案，如表 2－3 所示。

表 2－3

拆解步骤	零件名称	零件数量	零件材料	拆解工具	备注
1					
2					
3					
4					
5					
6					
7					
8					
9					

三、拆解样品提取齿轮零件

（1）简述齿轮渐开线的定义。

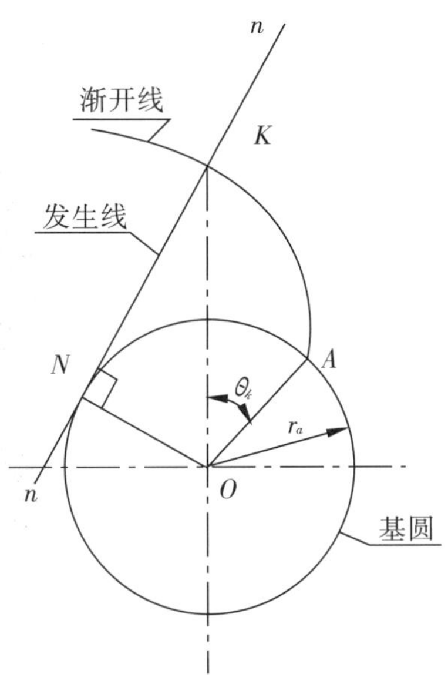

图 2－5　渐开线的形成

（2）简述齿轮传动的定义。

____

____

（3）根据齿轮传动的图例，填写对应的类型名称。

表 2－4

分类方法		类型	图例
两轴平行	按齿轮方向		

	按啮合情况		

（续上表）

<table>
<tr><th colspan="2">分类方法</th><th>类型</th><th>图例</th></tr>
<tr><td rowspan="4">两轴不平行</td><td rowspan="2">相交轴齿轮传动</td><td></td><td>直齿</td></tr>
<tr><td></td><td>曲齿</td></tr>
<tr><td rowspan="2">交错轴齿轮传动</td><td></td><td></td></tr>
<tr><td></td><td></td></tr>
</table>

（4）查阅资料，简述蜗轮蜗杆的作用及其传动特点。

____

____

____

（5）根据图例写出对应的蜗轮蜗杆的传动类型。

表 2－5

<table>
<tr><td rowspan="2">按蜗杆
形状分类</td><td></td><td></td><td></td></tr>
<tr><td></td><td></td><td></td></tr>
</table>

（续上表）

按蜗杆螺旋线方向分类		
按蜗杆头数分类		

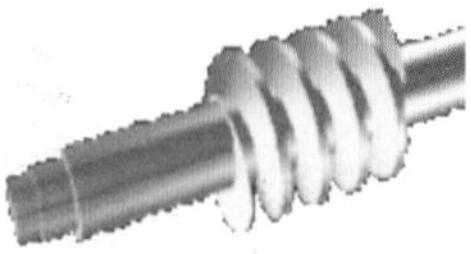

（6）轮系的分类。

表 2－6

类别	定义	图形	
定轴轮系		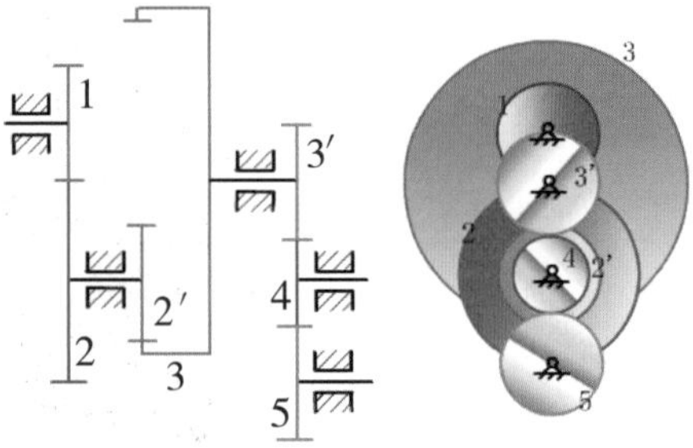 平面轮系：齿轮轴线均互相平行	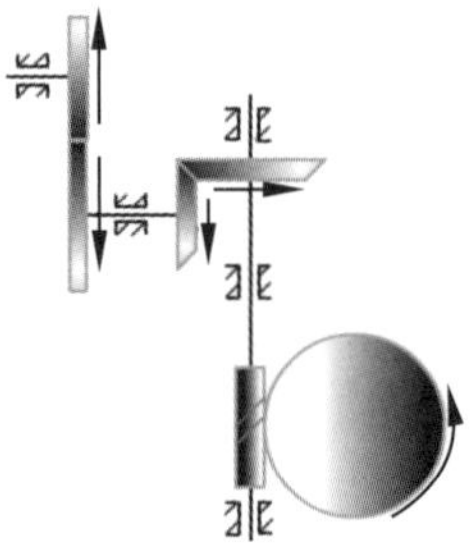 空间轮系：齿轮轴线不完全平行
周转轮系			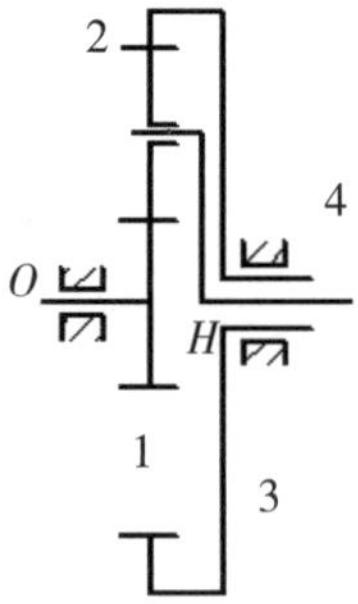
混合轮系			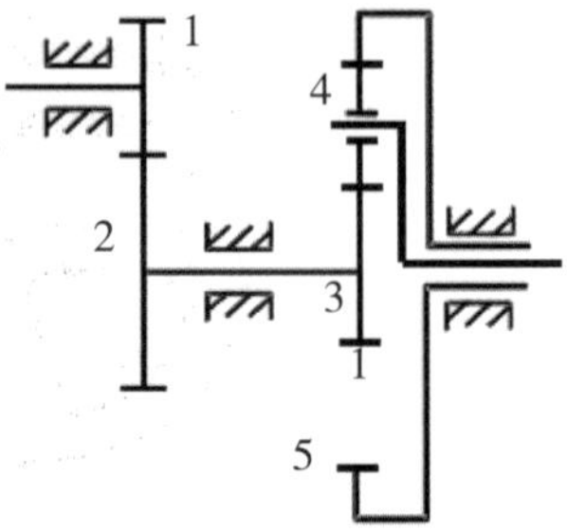

（7）根据凸轮机构运动简图，描述凸轮机构的组成部分及工作原理，并列举常见的应用凸轮机构的产品。

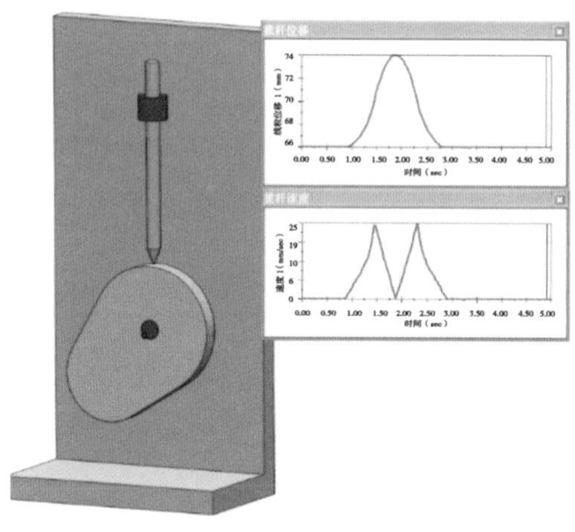

图 2-6　凸轮机构运动简图

（8）根据齿轮啮合运动简图，手工绘制齿轮传动原理示意图。

图 2-7　齿轮啮合运动简图

四、确定齿轮参数

（1）根据渐开线标准直齿圆柱齿轮简图，填写各部分的定义。

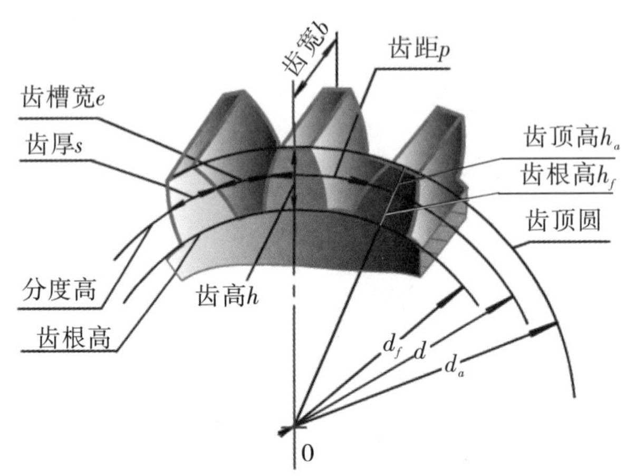

图 2－8　标准直齿圆柱齿轮简图

表 2－7

名称	定义	代号
齿顶圆		齿顶圆直径 d_a、齿顶圆半径 r_a
齿根圆		齿根圆直径 d_f、齿根圆半径 r_f
分度圆		分度圆直径 d、分度圆半径 r
齿厚		齿厚 s
齿槽宽		齿槽宽 e
齿距		齿距 p
齿宽		齿宽 b
齿顶高		齿顶高 h_a
齿根高		齿根高 h_f
齿高		齿高 h

（2）填写图 2－9 中齿轮的相关参数。

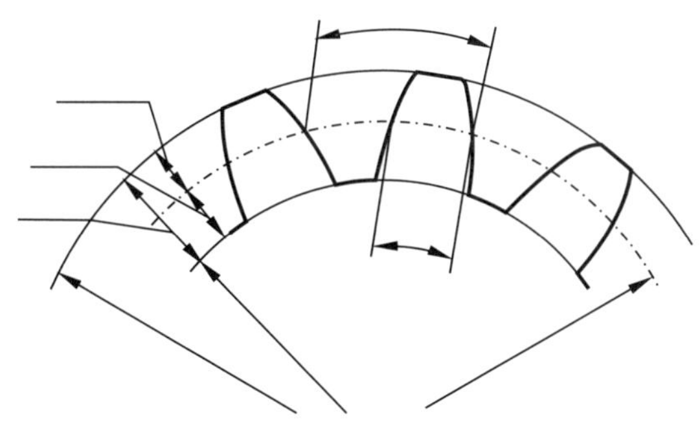

图 2－9

（3）查阅资料，填写相关的计算公式。

表 2－8

级别	名称	代号	计算公式
五个基本参数	模数	m	通过计算或结构设计确定
	齿数	z	通过传动比计算确定
	齿形角	α	标准齿轮为 20°
	齿顶高系数	h_a^*	$h_a^*=1$
	顶隙系数	c^*	$c^*=0.25$
四个圆	分度圆直径	d	$d=$
	齿顶圆直径	d_a	
	齿根圆直径	d_f	
	基圆直径	d_b	
四个弧长	齿距	p	
	齿厚	s	
	齿槽宽	e	
	基圆齿距	p_b	
四个径向高度	齿顶高	h_a	
	齿根高	h_f	
	齿高	h	
	顶隙	c	

（续上表）

级别	名称	代号	计算公式
一宽	齿宽	b	
一比	传动比	i	
一距	标准中心距	a	

（4）查阅资料，写出渐开线标准直齿圆柱齿轮的正确啮合条件。

______

______

（5）查阅资料，写出斜齿圆柱齿轮的正确啮合条件。

______

______

（6）查阅资料，写出直齿圆锥齿轮传动的正确啮合条件。

______

______

（7）根据齿轮传动比的表达示意图，填写传动比的公式。

表2－9

齿轮类型	图例	运动结构简图	传动比大小
一对外啮合齿轮		主、从动齿轮转向相反，两箭头指向相反	$i=$ （负号表示主、从动齿轮转向相反）
一对内啮合齿轮		主、从动齿轮转向相同，两箭头指向相同	$i=$ （正号表示主、从动齿轮转向相同）

（续上表）

齿轮类型	图例	运动结构简图	传动比大小
一对锥齿轮传动		两箭头同时指向或同时背离啮合点	$i=$ （只表示大小，不表示方向，方向由标注箭头的方法来确定）
一对蜗轮蜗杆传动			$i=$ （只表示大小，不表示方向，方向由标注箭头的方法来确定）

（8）根据齿轮实物的齿数和测量的齿顶圆直径，计算分度圆直径、齿根圆直径、齿距和齿高。

（9）查阅使用说明书得知风扇电机的转速 $n_1=1\ 440$ r/min。根据所测量的相关齿轮数据，利用传动比关系计算风扇在正常使用时的蜗杆速度。

（10）计算定轴轮系的传动比，判断末轮的旋转方向。

在图示轮系中，已知：蜗杆为单头且右旋，转速 $n_1 = 1\ 440$ r/min，转动方向如图 2－10 所示，其余各轮齿数为：$z_2 = 40$，$z_{2'} = 20$，$z_3 = 30$，$z_{3'} = 18$，$z_4 = 54$，试：

1）说明轮系属于何种类型；

2）计算齿轮 4 的转速 n_4；

3）在图中标出齿轮 4 的转动方向。

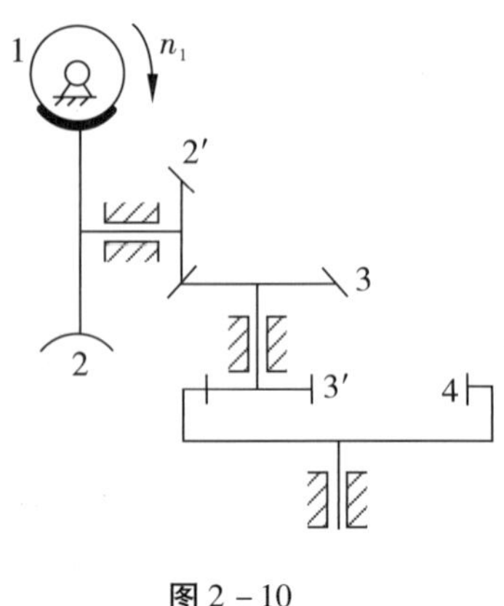

图 2－10

五、齿轮零件草图手绘及尺寸记录

用视图表达物体的结构时，物体的内部形状，如孔、槽等，因其不可见而用细虚线表示。当物体内部形状比较复杂时，图上的细虚线较多，不利于读图，也不利于标注尺寸。为此，可用剖视图来表达物体的内部结构形状。

（1）查阅资料，写出剖视图的分类。

（2）查阅资料，写出全剖视图和半剖视图的定义及适用的场合。

（3）盘类零件是指各种手轮、皮带轮、法兰盘、端盖等，结构的主体部分多由回转体组成，且轴向尺寸小于径向尺寸，其中往往有一个端面是与其他零件连接的重要接触面，通常还带有各种形状的凸缘、均布的圆孔（沉孔或螺孔）、键槽、肋板、轮辐等局部结构。参考图 2－11 所示球阀中的阀盖模型，图 2－12 为其零件图。主视图选择轴线水平放置，采用全剖视图表达阀盖的基本形状特征以及内部孔的结构形状，选用左视图表达其带圆角的方形凸缘的形状以及四个均布圆孔的位置和大小，因此用两个视图就可完整、清晰地表达阀盖这一较简单的零件。

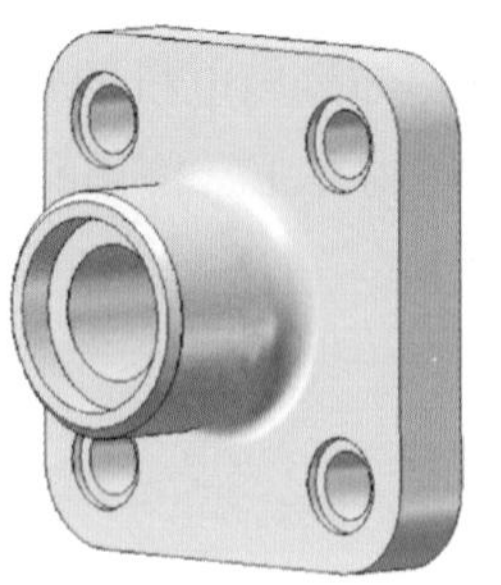

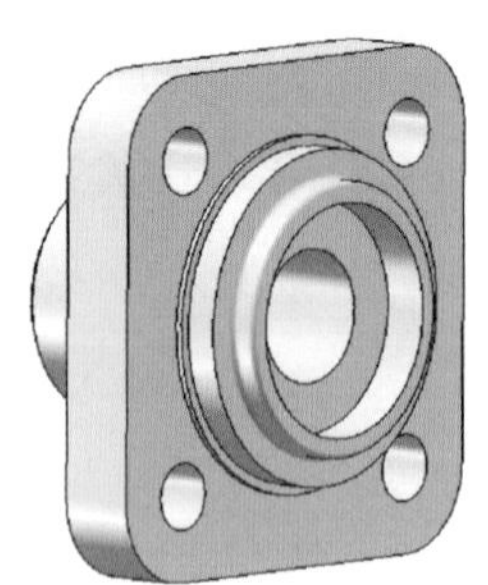

图 2－11　阀盖模型

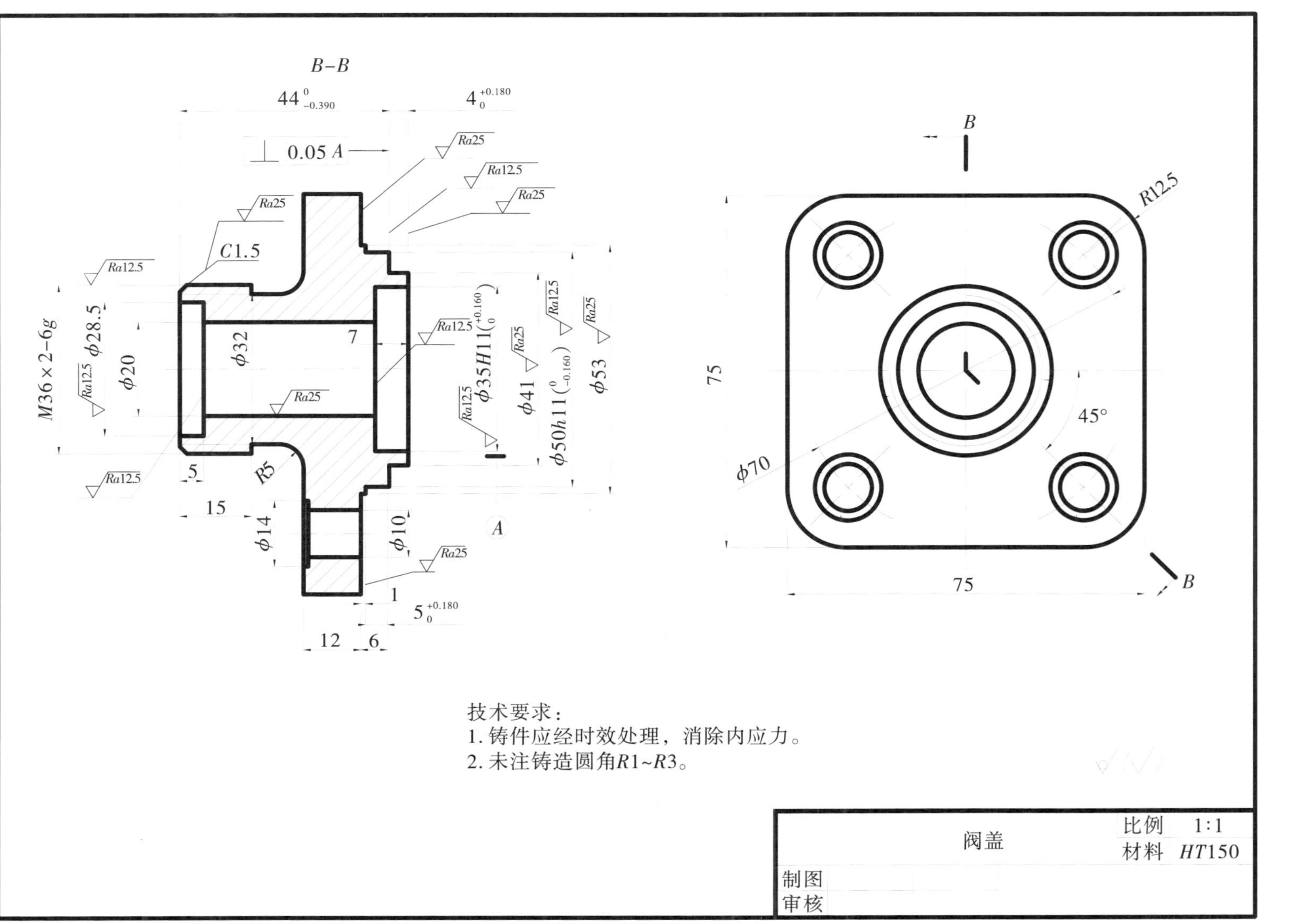
B-B
44 0 -0.390
4 +0.180 0
⊥ 0.05 A
Ra25
Ra12.5
Ra25
Ra25
C1.5
Ra12.5
M36×2-6g
ϕ28.5
Ra12.5
ϕ20
ϕ32
7
Ra25
Ra12.5
ϕ35H11(+0.160 0)
Ra12.5
ϕ41
Ra25
ϕ50h11(0 -0.160)
Ra12.5
ϕ53
Ra25
Ra12.5
5
R5
15
ϕ14
ϕ10
Ra25
A
1
5 +0.180 0
12
6
B
R12.5
75
45°
ϕ70
75
B
技术要求：
1. 铸件应经时效处理，消除内应力。
2. 未注铸造圆角R1~R3。
阀盖
比例 1:1
材料 HT150
制图
审核

图 2-12 阀盖零件图

（4）分析零件实物的特点，该齿轮应采用什么视图进行表达。

（5）根据单个齿轮的视图，填写相关位置的名称和线型。

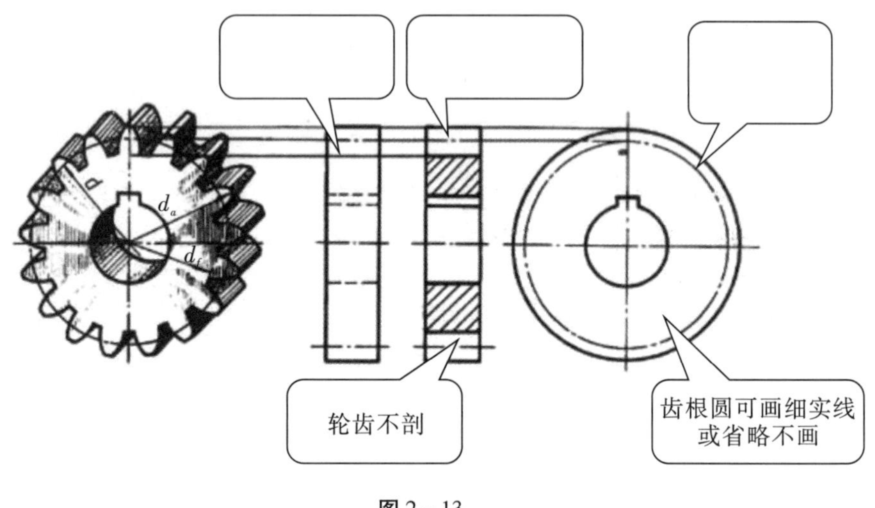

图 2－13

（6）在坐标纸上徒手绘制从动齿轮实物零件图。

标准坐标纸绘制的图纸粘贴处

(7) 查阅资料，填写齿轮在啮合的条件下，齿顶圆、分度圆、齿根圆的剖视图表达方式。

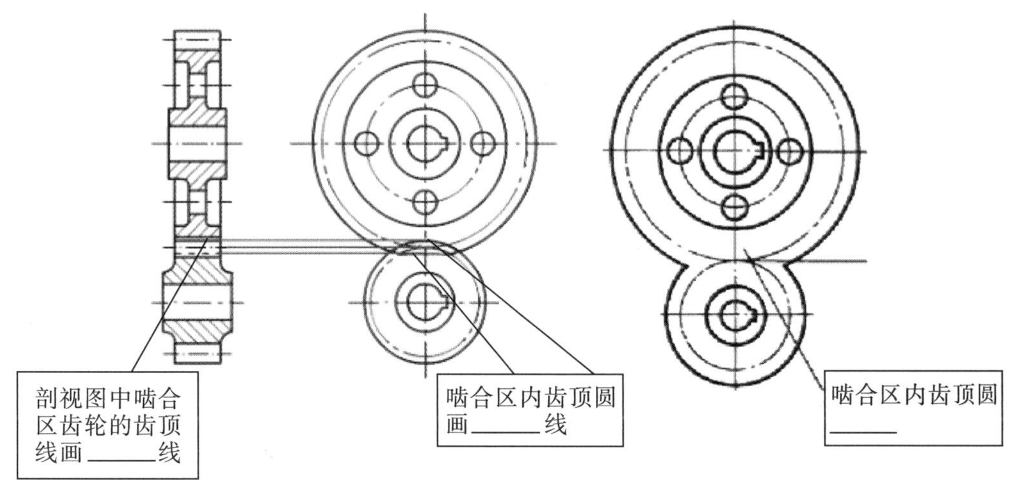

图 2－14

(8) 在坐标纸上徒手绘制齿轮轴与从动轮的啮合。

标准坐标纸绘制的图纸粘贴处

六、尺规绘制齿轮零件工程图

1. 盘类零件尺寸分析

在标注盘类零件的尺寸时，常选用通过轴孔的轴线作为径向尺寸基准，长度方向的尺寸基准常选用重要的端面（加工精度最高的面和与其他零件的接触面）。如图 2－12 所示的阀盖零件图，长度方向的尺寸基准为 ϕ50 处的右端面，因为此处是阀盖与阀体的接触面，属于重要的端面，以此为尺寸基准，标注尺寸 4、44 和 6。图中的尺寸 ϕ50 为阀盖与阀体的径向配合尺寸，因而精度要求较高。孔 ϕ35 处因为要安装密封圈，因而尺寸要求较高。轴线为宽度和高度方向的尺寸基准。左视图中与阀体连接的方形凸缘的外形尺寸 75、75 以及四个安装孔的定位尺寸 ϕ70、45°必须直接标注。另外与相邻零件连接的螺纹 $M36\times2$ 及其螺纹长度 15，管子口径 ϕ20 等都是主要尺寸，必须直接标注。

如图 2－15 为一带轮的模型，图 2－16 为其零件图。主视图轴线水平放置，因为带轮的外形比较简单，内部结构较为复杂，因而用全剖的主视图表达带轮的内部结构形状，另外用一个局部视图表达轮毂内键槽以及倒角的形状。长度方向的主要基准为 ϕ56 圆柱的左端面，由此基准出发标注尺寸 2 和 56。宽度和高度方向的主要基准为轴线。轴孔直径 ϕ28 和键槽宽 8 均为主要尺寸，有尺寸公差要求。

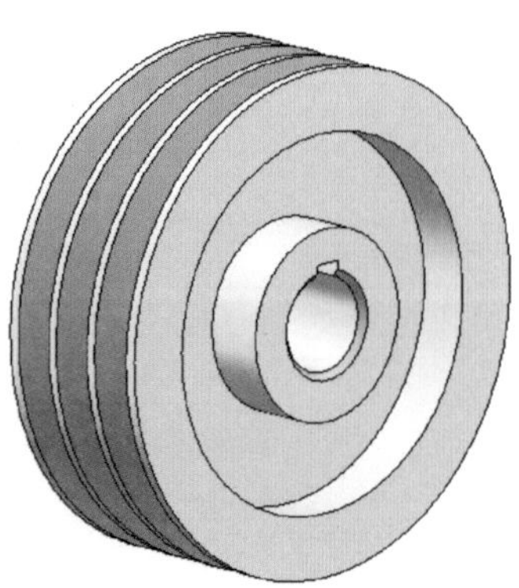

图 2－15　带轮模型

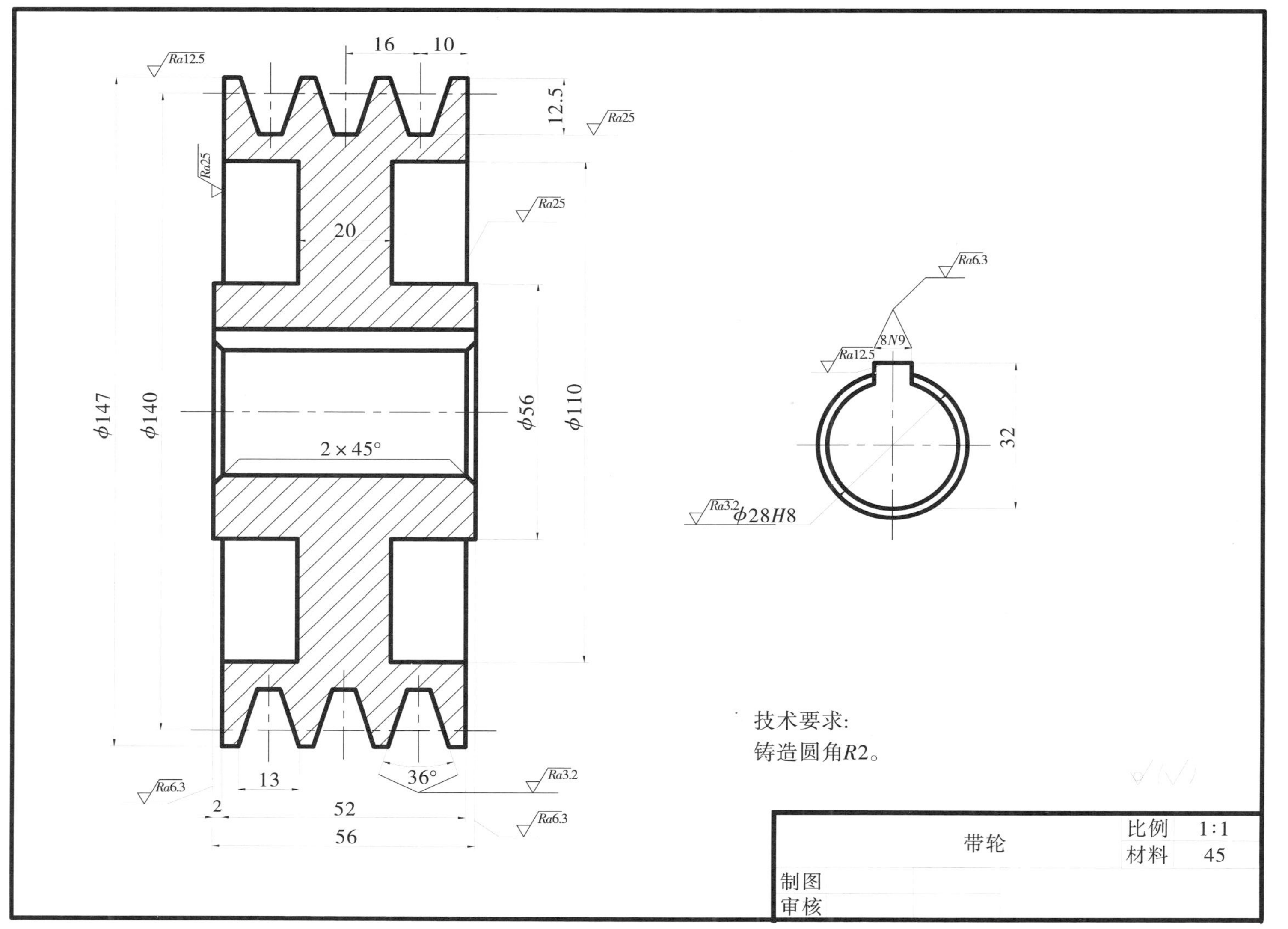
16
10
12.5
Ra12.5
Ra25
Ra25
Ra25
20
φ147
φ140
φ56
φ110
2×45°
13
36°
2
52
56
Ra6.3
Ra3.2
Ra6.3
Ra6.3
8N9
Ra12.5
32
Ra3.2 φ28H8
技术要求:
铸造圆角R2。
带轮
比例 1:1
材料 45
制图
审核

图 2-16 带轮零件图

2．绘制齿轮零件图

根据徒手绘制好的齿轮啮合零件草图，应用绘图工具绘制齿轮啮合图。

尺规绘制的图纸粘贴处

七、AutoCAD 软件绘制盘类零件工程图

1. 软件基本操作

调用样板文件，绘制图框和标题栏。

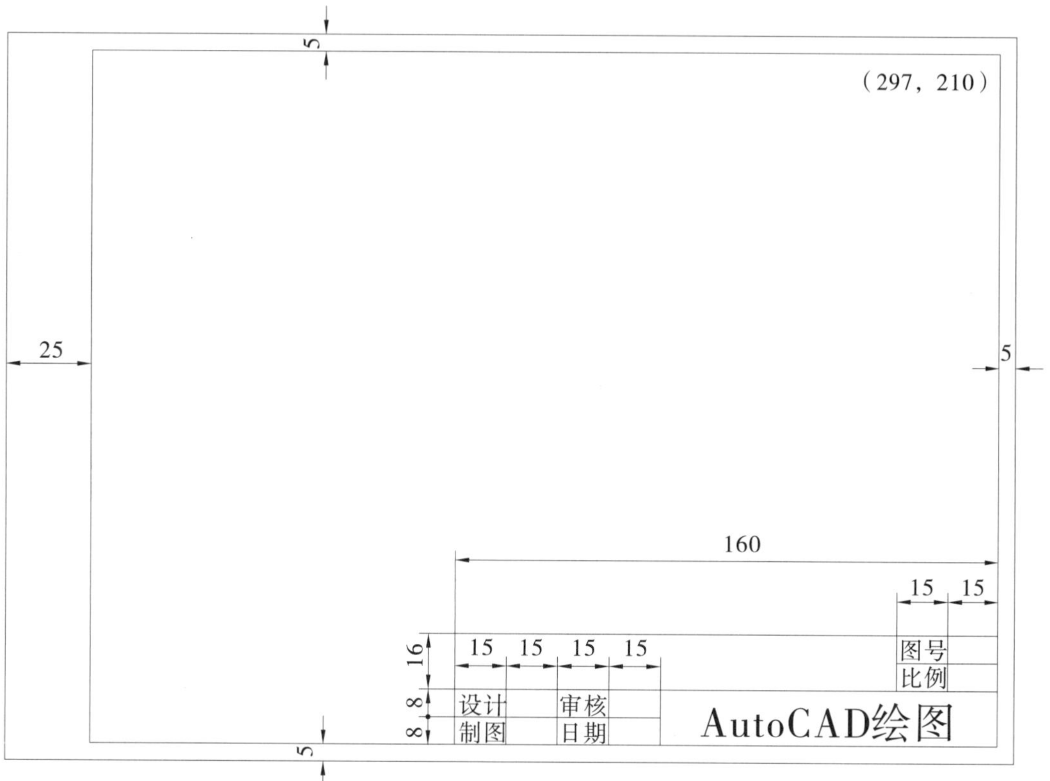

图 2－17

2. 绘制齿轮

（1）绘制齿轮主视图中心线、齿顶圆、齿根圆、分度圆、轴孔、键槽。

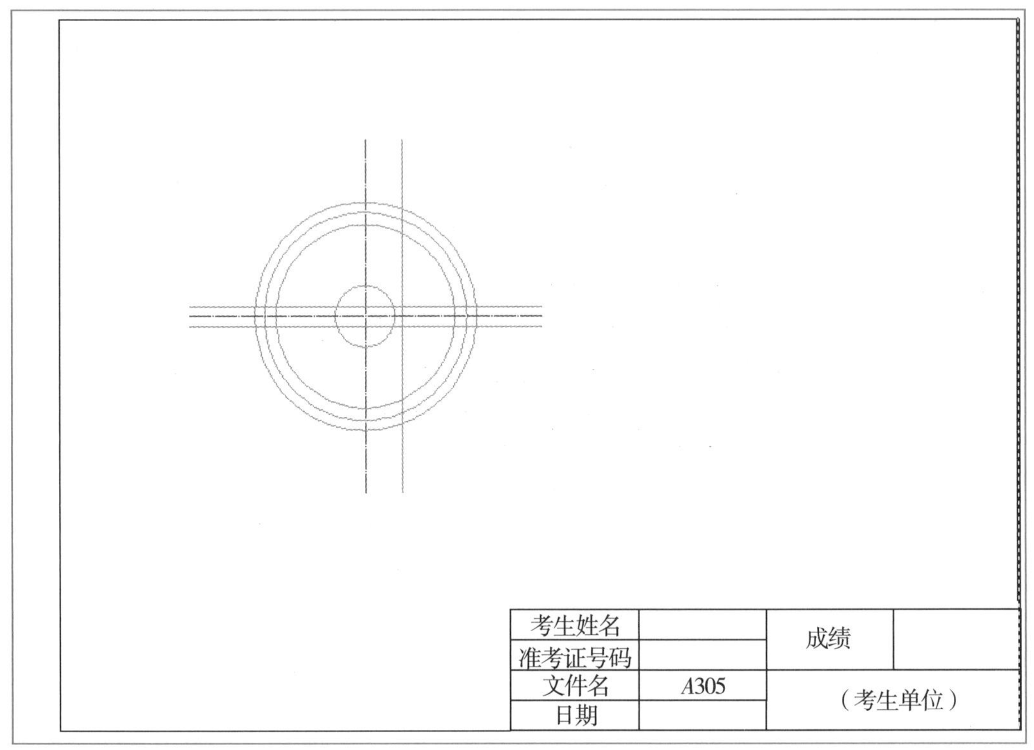

图 2－18

（2）修剪完成主视图。

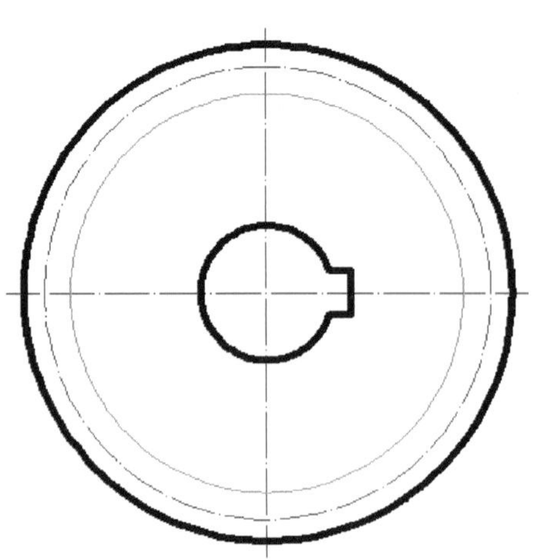

图 2－19

1）绘制全剖视图，建立齿顶圆、分度圆、齿根圆的构造辅助线→偏移出齿轮齿厚→修剪图线完成轮齿部分。

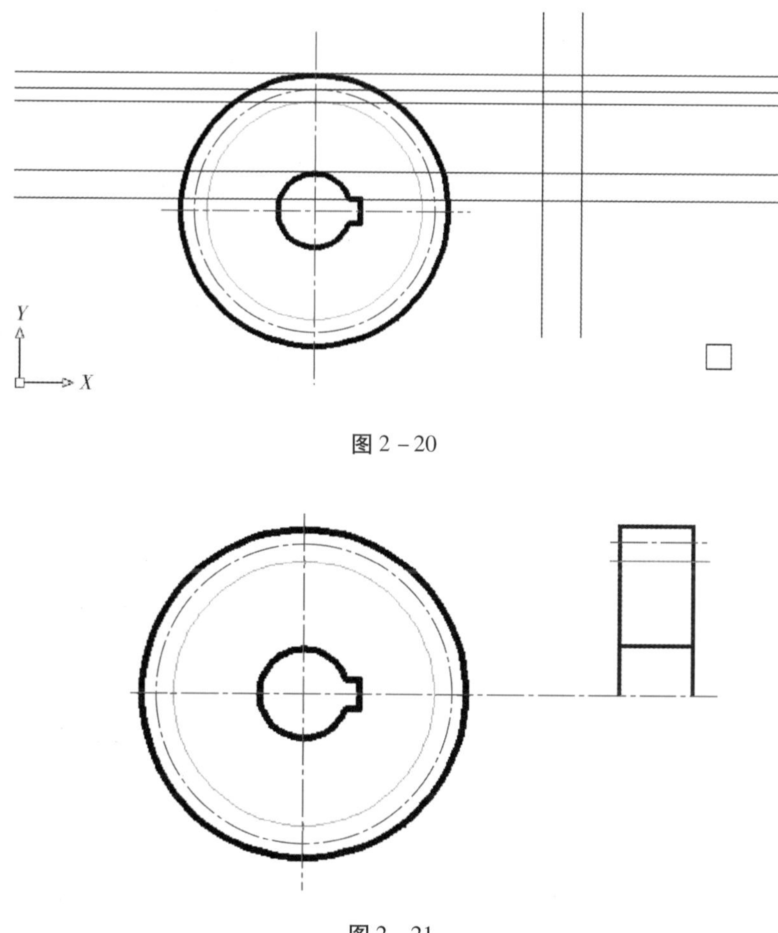

图 2－20

图 2－21

2）镜像完成齿轮的全剖视图。

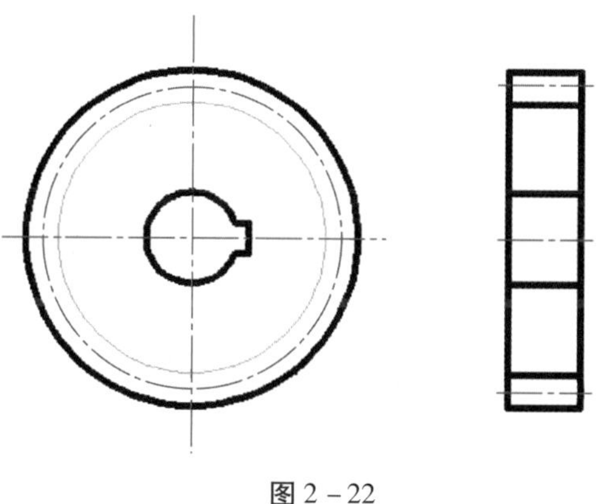

图 2－22

3）利用图案填充命令完成剖面线的绘制。

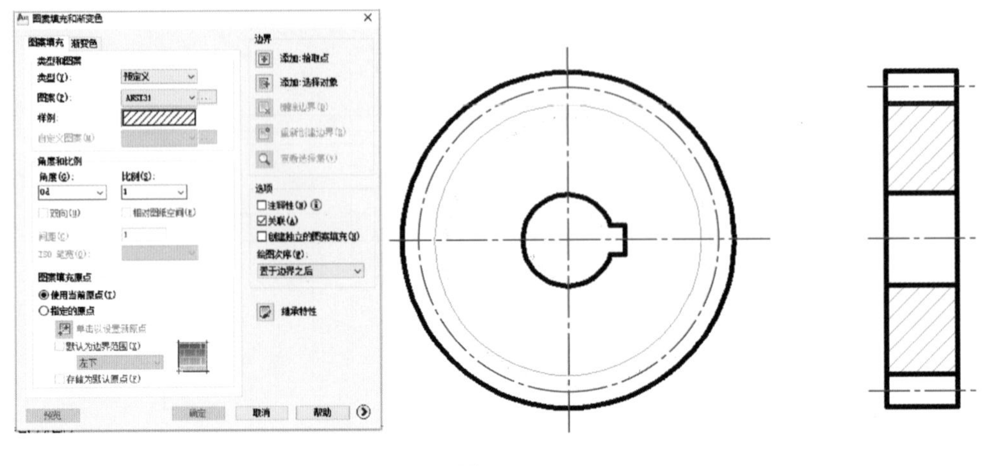

图 2－23

（3）设置直径标注样式，完成手工绘制零件图的直径尺寸标注。

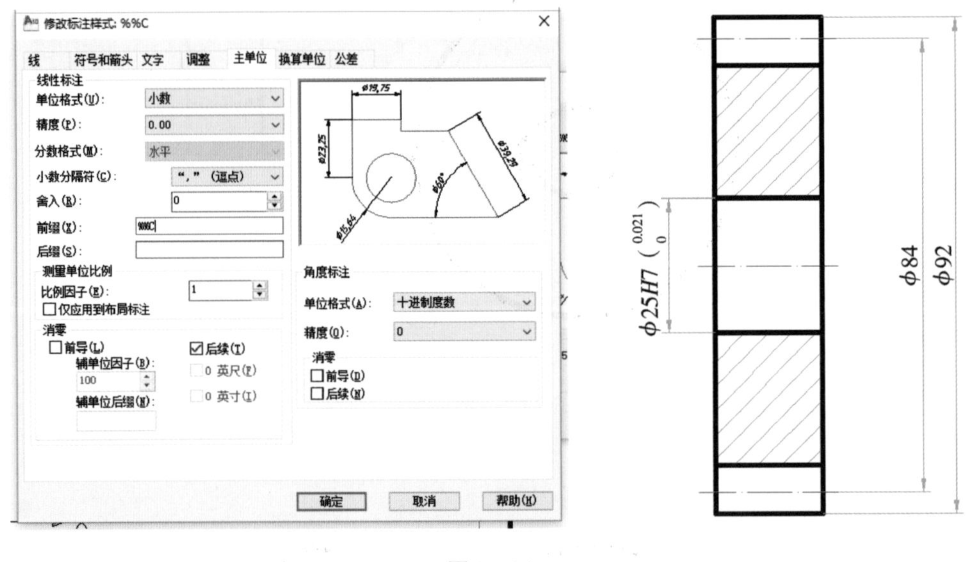

图 2－24

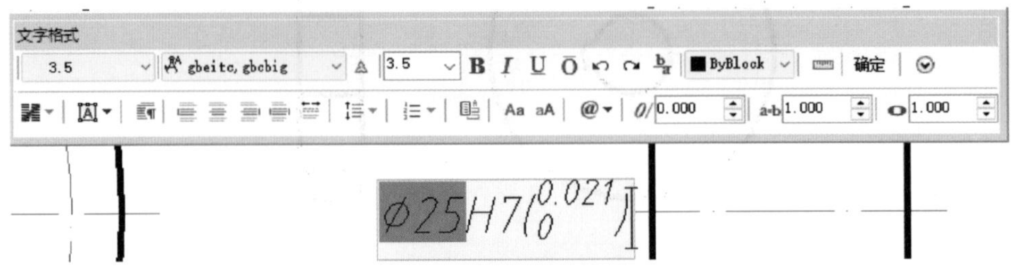

图 2－25

1）线性标注。

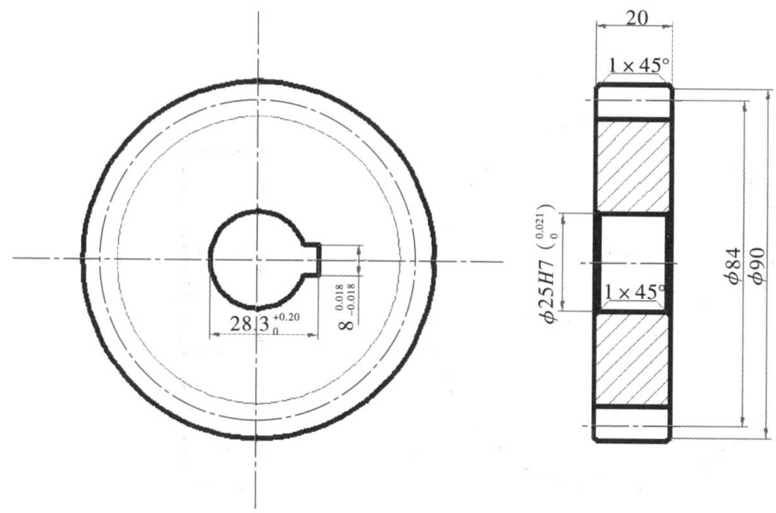

图 2－26

2）设置几何公差标注，完成齿轮零件的几何公差标注。

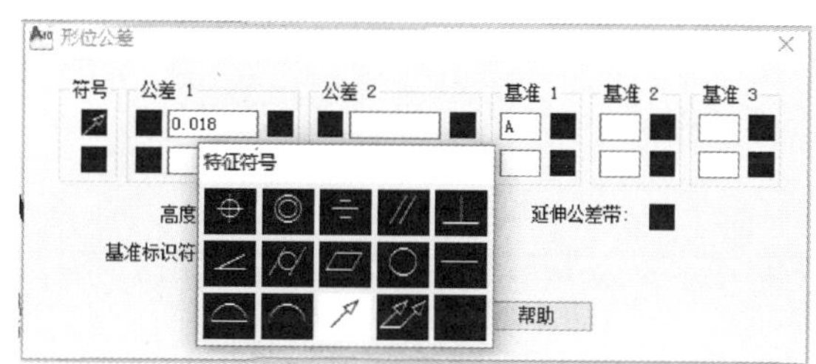

图 2－27

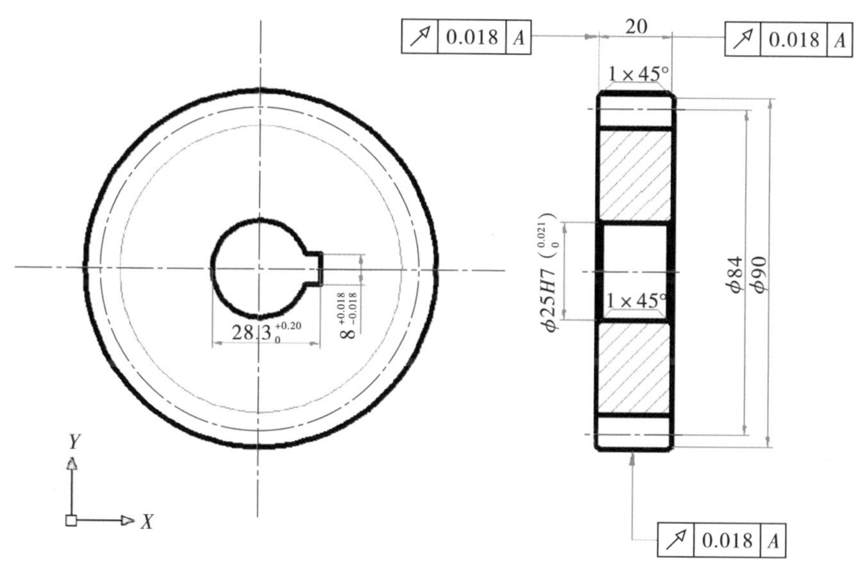

图 2－28

3）标注齿轮表面粗糙度。

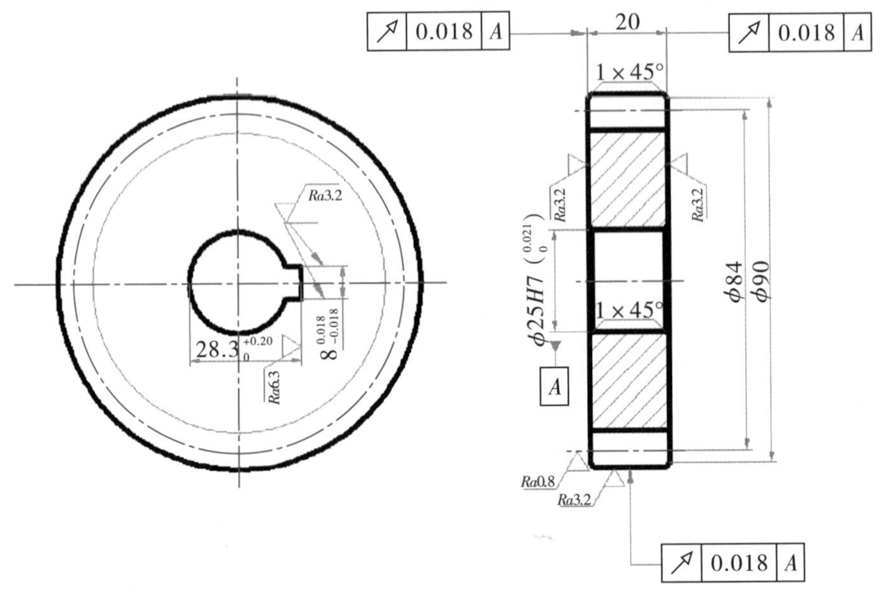

图 2－29

4）完成零件图明细表的编辑。

表 2－10

模数	m	4
齿数	z	21
齿形角	α	20°
齿顶高系数	h_c^*	1
顶隙系数	c^*	0. 250

5）填写技术要求，并完成图纸（如图 2－30 所示）。

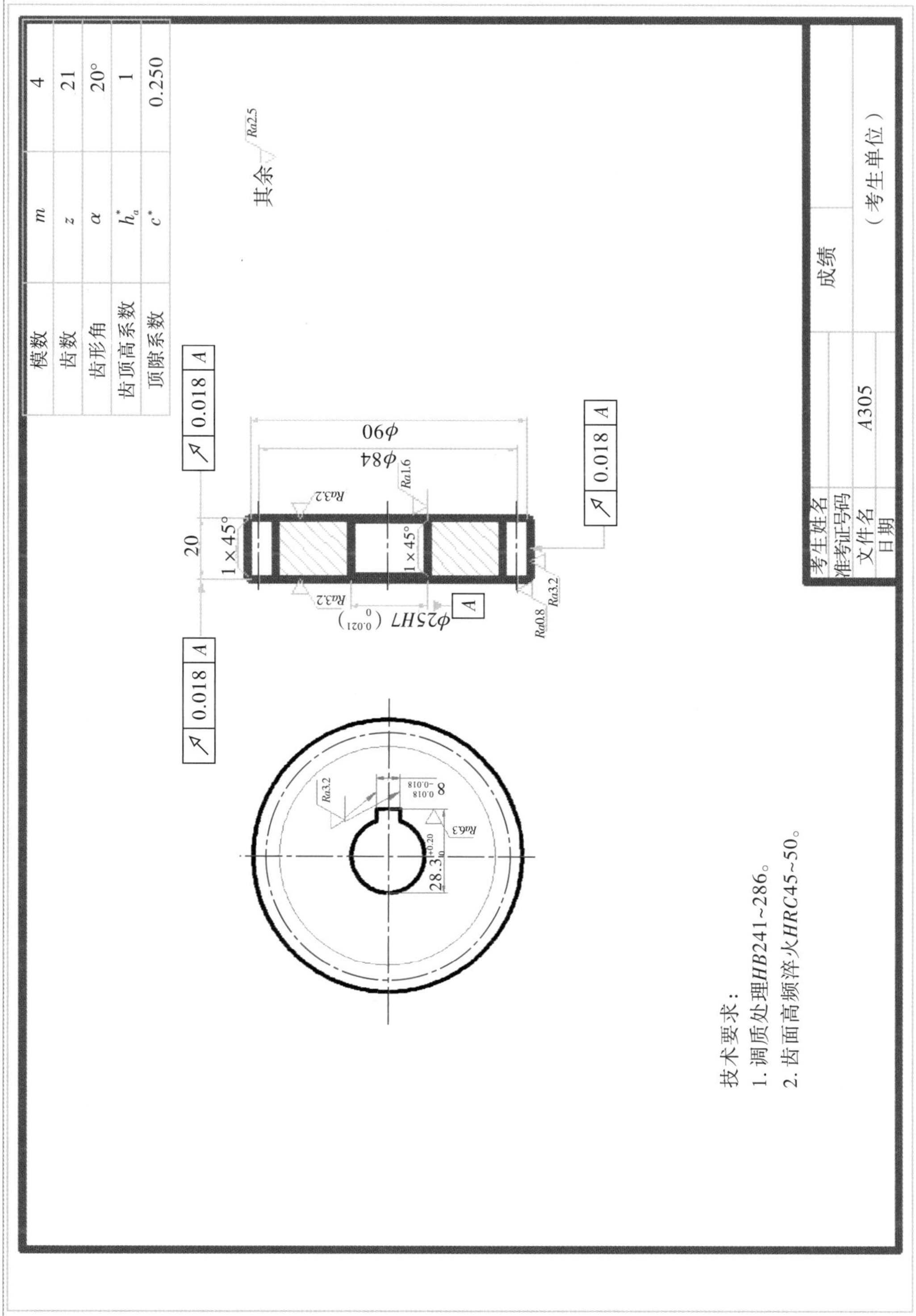

模数 m 4
齿数 z 21
齿形角 α 20°
齿顶高系数 h*a 1
顶隙系数 c* 0.250
其余 Ra2.5
0.018 A
φ90
φ84
Ra1.6
Ra3.2
20
1×45°
φ25H7
A
Ra0.8
28.3
Ra6.3
技术要求：
1. 调质处理HB241~286。
2. 齿面高频淬火HRC45~50。
考生姓名
准考证号码
文件名 A305
日期
成绩
（考生单位）

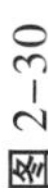

图 2–30

（4）图纸保存为 DWG 格式，并转换成 PDF 格式，打印图纸。

学习活动 4 成果审核及总结评价

学习目标

展示汇报盘类零件测汇的成果，能够根据评价标准进行自检，并能审核他人成果以及提出修改意见。

建议学时

2 学时

学习过程

一、成果审核

学生审核其他同学打印出来的 AutoCAD 图纸，并对电子版零件图进行修改。检查齿轮零件的结构特点是否表达完整、尺寸标注与实物实际尺寸的一致性，列表记录错误处，并在原图上做彩色标注，已审核的图纸经作者修改后，审核者确认并签字。

图纸粘贴处

二、总结

总结本任务中在拆解、草绘、测量、手绘、机绘过程中遇到的困难及解决方法。

三、填写评价表

如实完成评价表中的内容。

表 2－11

模块	评价内容	自评	他评
工作态度（10 分）	参与任务的积极性 5 分 （非常积极 5 分，一般 2 分，不积极 0 分）		
	在规定的时间内完成任务 5 分 （完成 5 分，未完成 0 分）		
拆解（10 分）	1. 拆装工具使用不正确一处扣 2 分 2. 动作是否规范，错误一处扣 2 分 3. 拆卸物摆放不规范一处扣 2 分 4. 违反安全操作规程扣 2～5 分 5. 工作台及场地脏乱扣 2～5 分		
草绘（10 分）	视图表达不合理或未能完整表达扣 5～10 分		
测量（20 分）	1. 测量器具使用错误一次扣 5 分 2. 数据处理错一处扣 3 分 3. 尺寸、公差标注不完整扣 5 分 4. 表面质量标注不合理，不含技术要求扣 5 分		
手工绘图（25 分）	1. 图纸选择不合理扣 3 分 2. 绘制比例选择不合理扣 5 分 3. 视图表达不合理或未能完整表达扣 10～15 分 4. 线型使用错误一处扣 1 分 5. 中心线超出轮廓线 3～5 mm，超出或不足每处扣 1 分 6. 图线使用错误一处扣 2 分 7. 字体书写不认真一处扣 2 分 8. 漏画、错画一处扣 5 分 9. 图面不干净、不整洁扣 2～5 分 10. 尺寸标注不合理一处扣 2 分 11. 漏标、多标一处扣 2 分 12. 标注不规范（尺寸数字、尺寸界线、尺寸线、箭头其中之一不规范）一处扣 1 分		

（续上表）

模块	评价内容	自评	他评
计算机绘图（25分）	1. 图幅、图框、标题栏、文字、图线每错一处扣2分 2. 整体视图表达、断面绘制准确，一个视图表达有误扣10分 3. 图线尺寸、图线所在图层每错一处扣2分 4. 中心线超出轮廓线3～5 mm，超出或不足每处扣1分 5. 绘图前检查硬件完好状态，使用完毕整理回准备状态，没检查、没整理每一项扣5～10分		
总分（100分）			

学习任务（三）

叉架类零件测绘

学习目标

（1）通过阅读任务书，明确任务完成时间和资料提交要求，包括自行车叉架类零件的测绘、提交打印版及电子版的零件图纸，通过查阅技术资料或咨询教师进一步明确任务要求中不懂的专业技术指标，最终在任务书中签字确认。

（2）能够分解测绘叉架类零件的工作内容及工作步骤，并能制订出测绘叉架类零件的工作计划表。

（3）了解叉架类零件的结构特点、作用以及常见的叉架类零件产品。

（4）了解测绘叉类架零件的工作流程。

（5）掌握变速机构、链传动、带传动、制动系统、产品原理示意图的画法，全面记录产品结构的方法。

（6）掌握零件拆解顺序关系。

（7）掌握计算链轮的齿数、链传动的传动比，分析变速原理、叉架类零件的结构特点。

（8）掌握叉类架零件的表达方法和表达技巧。

（9）掌握叉类架零件图的规范画法。

（10）掌握零件图的基本要素、绘图工具的正确使用方法以及尺规绘图的技巧。

（11）使用 AutoCAD 软件绘制叉架类零件图。

（12）展示汇报叉架类零件测绘的成果，能够根据评价标准进行自检，并能审核他人成果以及提出修改意见。

建议学时

24 学时

工作情境描述

某自行车企业需要对现有产品进行改良，开发出一款新型可折叠的自行车。为了更好地了解同类产品的特点和功能，现需要参照市场上一款热销的折叠自行车进行逆向开发。经结构工程师分析，自行车叉架类零件是折叠自行车的重要部件，关系到整个自行车的结构设计，也影响到骑乘安全。该企业与我系关系良好，且企业目前人手较紧张，咨询我系能否安排在校生帮助他们完成这项重要的测绘工作。教师团队认为工业设计专业的学生有了前两个测绘任务作为基础，明确叉架类零件的结构特点，再通过学习相关内容，应用现有的量具及绘图工具完全可以胜任。企业提供了折叠自行车的样品，希望我们能在样品到货两周内完成折叠自行车中所有叉架类零件的测绘工作，绘制的图纸须由专业教师审核签字，提交企业打印版及电子版图纸。

工作流程与活动

明确任务（0.5 学时）
制订工作计划（0.5 学时）
测绘叉架类零件（21 学时）
成果审核及总结评价（2 学时）

学习活动 1 明确任务

学习目标

通过阅读任务书，明确任务完成时间和资料提交要求，包括自行车叉架类零件的测绘、提交打印版及电子版的零件图纸，通过查阅技术资料或咨询教师进一步明确任务要求中不懂的专业技术指标，最终在任务书中签字确认。

建议学时

0.5 学时

学习过程

表 3－1　任务书

<table>
<tr><td colspan="2">单号：　　　　　　　　开单部门：　　　　　　　　开单人：
开单时间：　　　年　　月　　日　　时　　分
接单部门：工程部结构设计组</td></tr>
<tr><td>任务概述</td><td>某自行车企业需要对现有产品进行改良，开发出一款新型可折叠的自行车。为了更好地了解同类产品的特点和功能，现需要参照市场上一款热销的折叠自行车进行逆向开发。经结构工程师分析，自行车叉架类零件是折叠自行车的重要部件，关系到整个自行车的结构设计，也影响到骑乘安全。该企业与我系关系良好，且企业目前人手较紧张，咨询我系能否安排在校生帮助他们完成这项重要的测绘工作。教师团队认为工业设计专业的学生有了前两个测绘任务作为基础，明确叉架类零件的结构特点，再通过学习相关内容，应用现有的量具及绘图工具完全可以胜任。企业提供了折叠自行车的样品，希望我们能在样品到货两周内完成折叠自行车中所有叉架类零件的测绘工作，绘制的图纸须由专业教师审核签字，提交企业打印版及电子版图纸。</td></tr>
<tr><td>提供的产品以及工具</td><td>折叠自行车一台（内含说明书）
工具箱一套
游标卡尺一把，千分尺，R 规一套，粗糙度比较样块一套</td></tr>
<tr><td>任务完成时间</td><td></td></tr>
<tr><td>接单人</td><td>（签名）　　　　　　　　年　　月　　日</td></tr>
</table>

（1）阅读任务书。

独立阅读任务书，明确任务完成时间和资料提交要求，包括自行车叉架类零件的测绘、提交打印版及电子版的零件图纸。用荧光笔在任务书附页中画出关键词，并记录关键词，其中需要进一步了解的词用星号标注。

（2）简述叉架类零件的定义。

（3）简述叉架类零件的作用。

（4）简述常见的叉架类零件产品。

（5）简述叉架类零件的结构特点。

学习活动 2 制订工作计划

学习目标

能够分解测绘叉架类零件的工作内容及工作步骤，并能制订出测绘叉架类零件的工作计划表。

建议学时

0.5 学时

学习过程

（1）分解测绘叉架类零件的工作内容及工作步骤，修订叉架类零件测绘工作计划表中的内容。

（2）明确小组内人员分工及职责，并将小组人员分工安排填写在工作计划表中。

（3）估算阶段性工作时间及具体日期安排，并将计划时间填写在工作计划表中，在工作过程中记录实际工作时间。

表 3－2　叉架类零件测绘工作计划表

序号	工作步骤	资源准备	工作要求	人员分工	时间安排	
					计划	实际
1	了解产品功能及整体结构	自行车样品、手机、产品说明书				
2	制订拆解方案	自行车样品、手机、零件清单	步骤安排合理			
3	拆解样品提取叉架零件	自行车样品、拆解工具套装	图片清晰，记录完整，合理使用拆解工具，8S 现场管理			
4	叉架零件草图手绘表达及尺寸记录	自行车叉架、坐标纸、铅笔、橡皮擦、游标卡尺、卷尺、千分尺、R 规、粗糙度比较样块	视图表达完整，测量工具使用正确，尺寸标注准确			

（续上表）

序号	工作步骤	资源准备	工作要求	人员分工	时间安排	
					计划	实际
5	手工绘制零件图	自行车叉架、绘图工具、徒手绘制的图纸	线型选择合理，图线粗细分明，视图布局合理，尺寸标注规范，字体编写工整，标题栏填写完整，卷面整洁			
6	计算机 AutoCAD 软件绘制零件图	手工绘制的图纸、计算机、投影、AutoCAD 软件、打印机、A4 纸	图形绘制完整，尺寸标注规范、完整，技术要求编写合理，标题栏填写完整			

学习活动 3 测绘叉架类零件

学习目标

（1）了解叉架类零件的结构特点、作用以及常见的叉架类零件产品。

（2）了解测绘叉架类零件的工作流程。

（3）掌握变速机构、链传动、带传动、制动系统、产品原理示意图的画法，全面记录产品结构的方法。

（4）掌握零件拆解顺序关系。

（5）掌握计算链轮的齿数、链传动的传动比，分析变速原理、叉架类零件的结构特点。

（6）掌握叉架类零件的表达方法和表达技巧。

（7）掌握叉架类零件图的规范画法。

（8）掌握零件图的基本要素、绘图工具的正确使用方法以及尺规绘图的技巧。

（9）使用 AutoCAD 软件绘制叉架类零件图。

建议学时

21 学时

学习过程

一、了解产品功能及整体结构

1. 自行车的结构

观察自行车的结构，并在图 3 – 1 中相应位置填写结构名称。

图 3 – 1　自行车结构

2. 自行车的传动类型

根据自行车的结构特征，写出自行车的传动类型。

3. 自行车链传动系统

观察自行车链传动系统，在图 3－2 中相应位置填写链传动的主要组成，并分析其工作原理。

图 3－2 自行车链传动系统

拓展思考：与链传动类似的传动机构是什么？分析其主要组成及工作原理。

____

____

____

4. 链传动的主要特点及应用

优点：______________________________

____

缺点：______________________________

____

应用：______________________________

____

拓展思考：观察图 3－3 所示带传动机构，结合所学的链传动机构的知识，回答以下问题。

图 3－3　带传动机构

（1）带传动一般主要由__________、__________和__________组成。图中有__________和__________两种。

（2）简述带传动的工作原理。

____

（3）在一般的机械传动中，应用最广的带传动是普通的 V 带传动，查阅资料写出图 3－4 所示普通 V 带的组成部分。

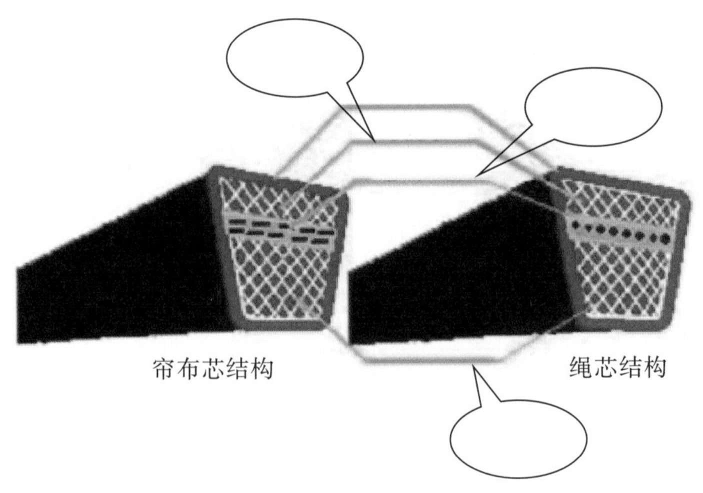

图 3－4　V 带组成部分

（4）同步带传动是一种__________传动，依靠带内周的等距横向齿与带轮相应齿槽间的啮合传递运动和动力，兼有__________和__________的特点。

（5）计算：已知 V 带传动的主动轮基准直径 $dd_1 = 120$ mm，从动轮基准直径 $dd_2 = 300$ mm，中心距 $a = 800$ mm。试计算传动比 i_{12}，并验算小带轮的包角 α_1。

二、制订拆解方案

根据产品结构制订拆解方案，如表 3－3 所示。

表 3－3

拆解步骤	零件名称	零件数量	零件材料	拆解工具	备注
1					
2					
3					
4					
5					
6					
7					
8					
9					

三、拆解样品提取叉架零件

（1）观察自行车变速机构，填写图 3－5 所示的零件名称，并简述自行车是怎样实现变速的。

图 3－5

（2）观察自行车的变速器转把，在前转把为 1 档的状态下，调整自行车的后转把档位。假设主动链轮的转速为 80 r/min，计算出每个档位的从动链轮转速，并通过数据的对比总结出自行车的变速原理。

（3）根据任务要求提取出自行车的前叉架。

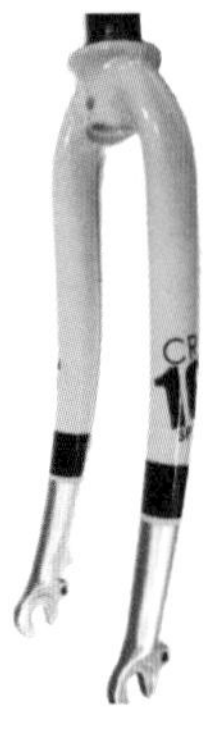

图 3－6　自行车前叉架

四、叉架类零件草图手绘及尺寸记录

1. 叉架类零件结构特点

叉架类零件主要起支承和连接作用。其结构形状按功能不同分为三部分：工作部分、安装固定部分和连接部分。此类零件形状多不规则，且往往带有倾斜结构，一般由铸造或锻造产生毛坯，再经各种加工而成，因此加工位置多变。一般在选择主视图时，主要考虑工作位置和形状特征。其外形结构比内腔复杂，通常有圆筒、肋板、定位板等结构。叉架类零件的形体结构较前两类复杂，其基本视图一般不少于两个，而且应按具体表达的需要加画其他视图。根据此类零件的特点常加画局部视图、局部剖视图，如果零件上有斜面，还应加画斜视图。此外，此类零件大都带有肋，为清晰表达还应加画各种断面图等。

如图 3 –7 所示为一踏架零件的模型，图 3 –8 为其零件图。用带有局部剖切的主视图和俯视图两个基本视图来表达，主视图按工作位置放置，着重表达各部分左右、上下的相对位置，主视图右边的局部剖视图用来表达踏架右上方凸台中孔的结构；俯视图表达各部分前后位置关系，右端用局部剖视图表达圆筒内孔的结构；连接部分肋板的断面形状用移出断面图表示；此外，用一个 A 向局部视图来补充表达左端安装板的形状，以及两个安装孔的形状和相对位置。

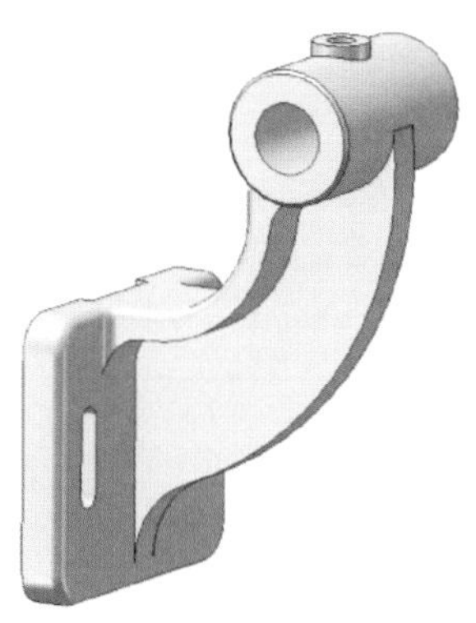

图 3 –7 踏架模型

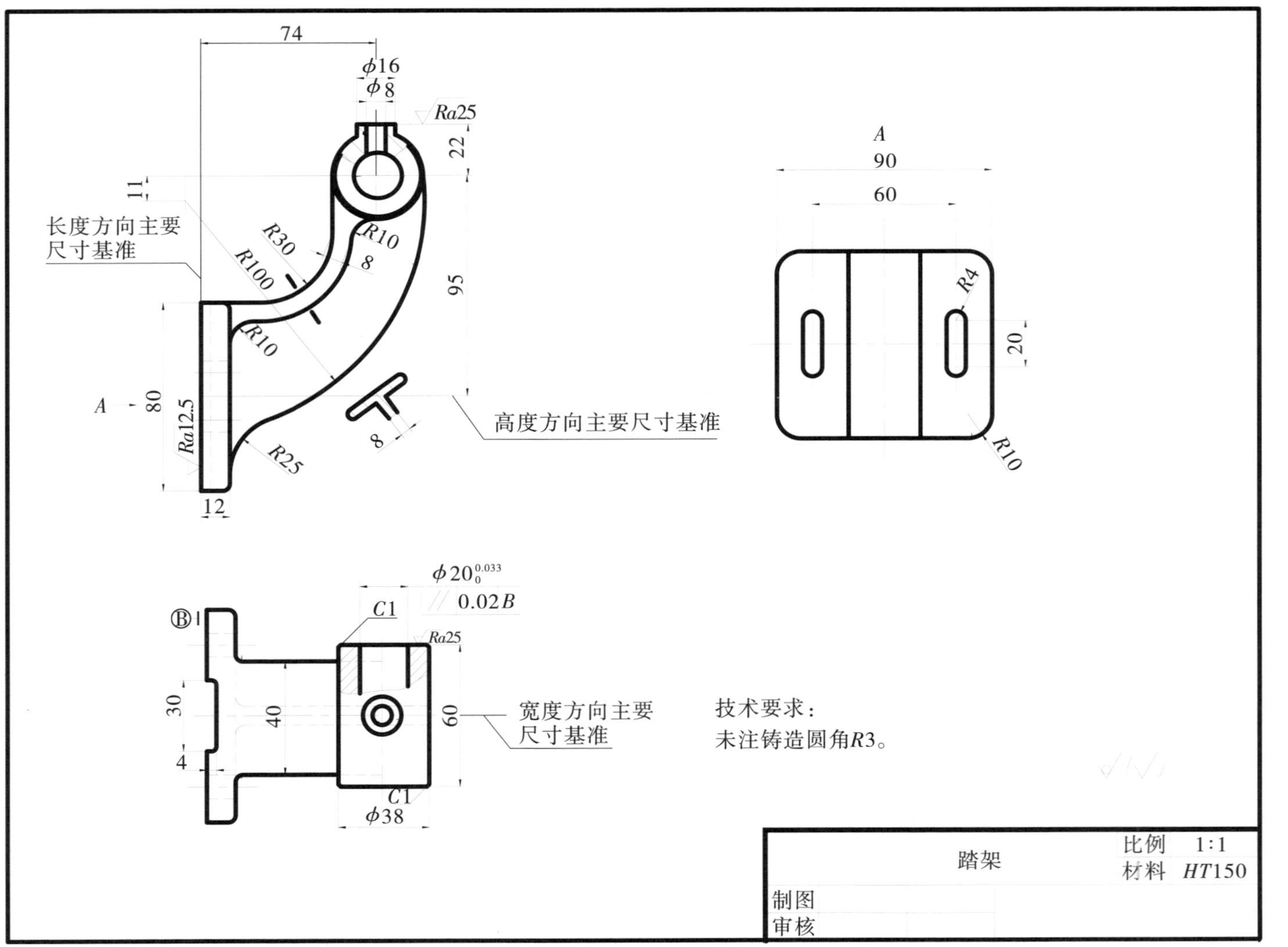

74
ϕ16
ϕ8
Ra25
22
11
长度方向主要
尺寸基准
R30
R10
8
R100
95
R10
A
80
Ra12.5
R25
8
高度方向主要尺寸基准
12
A
90
60
R4
20
R10
ϕ20 0.033 0
0.02B
C1
B
Ra25
30
40
60
宽度方向主要
尺寸基准
4
C1
ϕ38
技术要求：
未注铸造圆角R3。
踏架
比例 1:1
材料 HT150
制图
审核

图 3-8 踏架零件图

2. 根据所学知识，回答问题

（1）观察图 3－9，写出剖视图的种类。

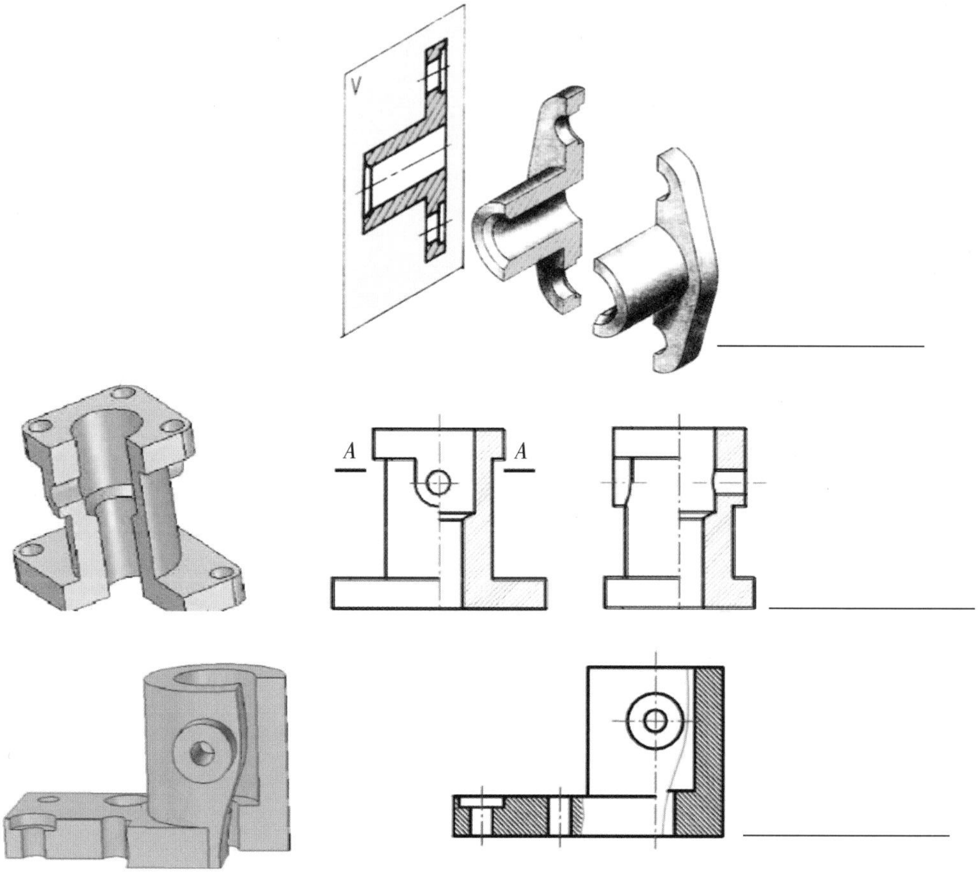

图 3－9

（2）判断图 3－10 所示局部剖视图的使用是否正确。

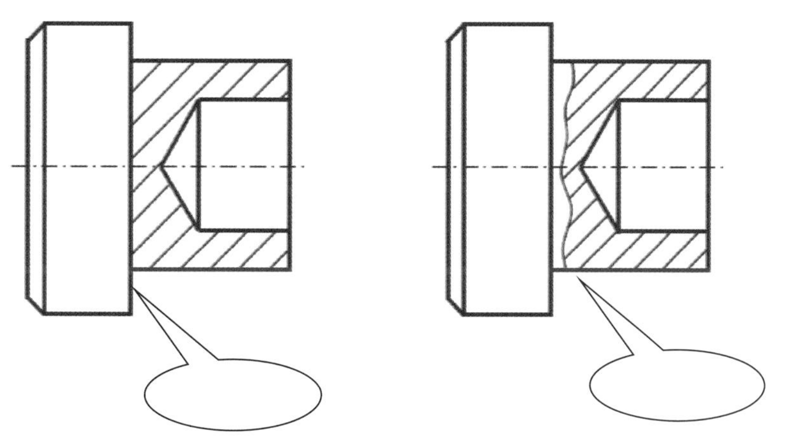

图 3－10

(3) 已知几何体的主、俯视图（如图 3－11 所示），其左视图为________。

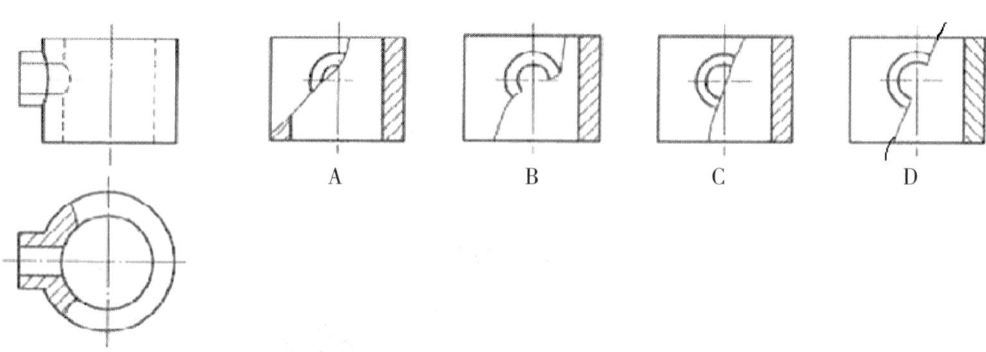

图 3－11

3．叉架类零件的表达方案

叉架类零件的结构比较复杂，某些形状特别、不规则的零件甚至无法自然平稳放置，所以零件的视图表达差异较大。根据自行车的前叉架，阐述叉架类零件的表达方案：

(1) 将零件按自然位置或工作位置放置，从最能反映零件工作部分和支架部分结构形状及相互位置关系的方向投影出____。

(2) 根据零件结构特点，再选用 1～2 个基本视图，或不再选用基本视图。如上述自行车前叉架选用________和________基本视图。

(3) 基本视图常采用________、________或________表达方式。

(4) 连接部分常采用剖面来表达。

(5) 零件的倾斜部分和局部结构，常采用斜视图、局部视图、局部剖视图、剖面图等补充表达。

4．叉架类零件尺寸的标注

在标注叉架类零件的尺寸时，通常选用安装基面或零件的对称面作为尺寸基准。如图 3－8 所示，长度方向的主要尺寸基准为安装板的左端面，从此基准出发标注尺寸 12、74、4；高度方向的主要尺寸基准为安装板的上下对称面，从此基准出发标注尺寸 80、95；宽度方向的主要尺寸基准为零件的前后对称面，从此基准出发标注尺寸 30、40、60、90。

如图 3－12 所示为球阀中的扳手零件的模型，图 3－13 为其零件图。主视图按工作位置和形状特征原则来选择，左端采用局部剖视图来表达扳手内孔的结构形状，另外用俯视图来表达主视图没有表达清楚的零件各组成部分的形状特征以及前后位置关系。长度方向的尺寸基准为左端的轴线，从此基准出发标注尺寸 152；高度方向的基准为扳手的下端面，因为此处为扳手和阀杆的接触面，属于重要的端面，从此基准出发标注 3、10、30°等尺寸；宽度方向的尺寸基准为前后对称面。

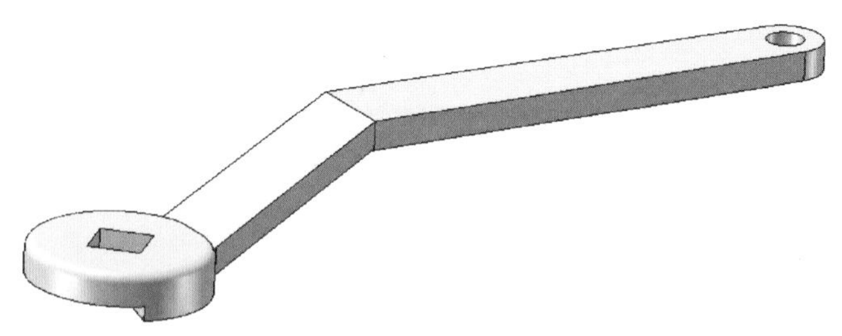

图 3－12　扳手模型

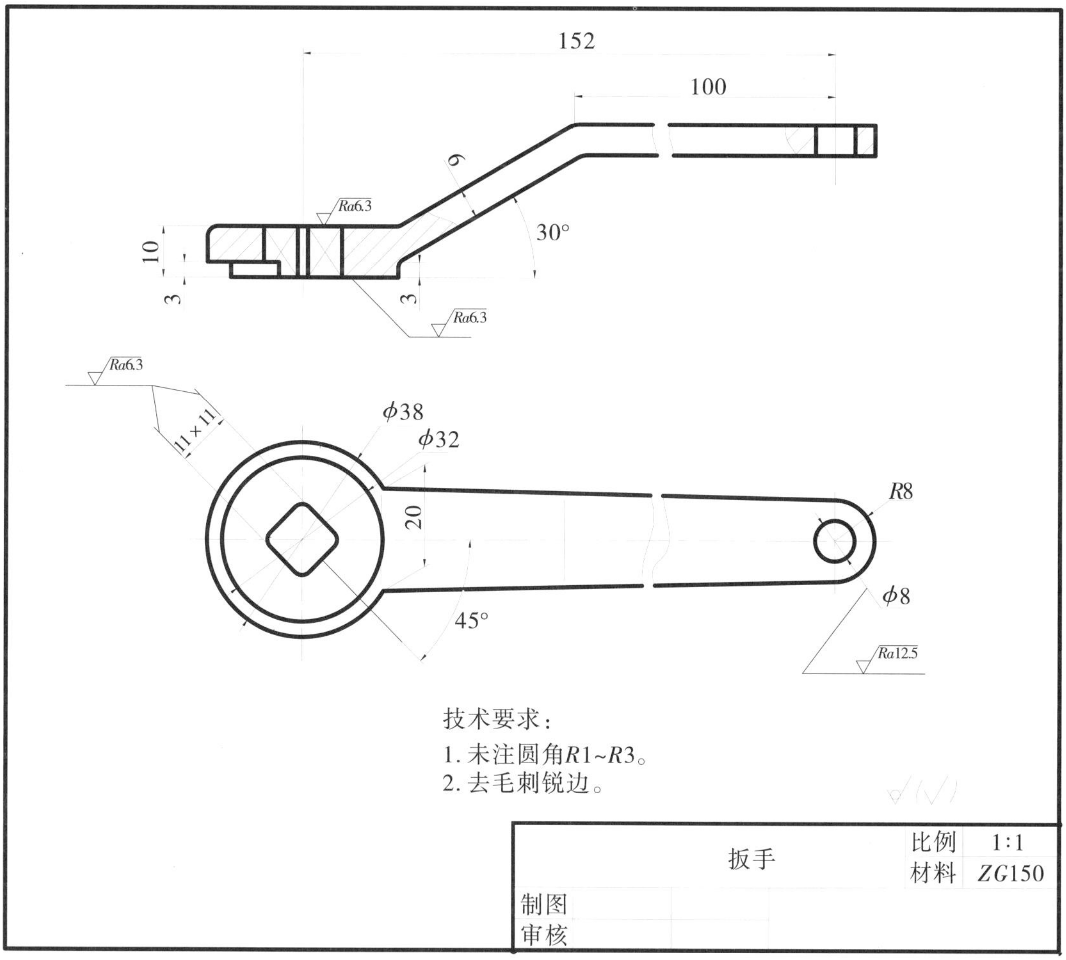

152
100
9
30°
Ra6.3
10
3
3
Ra6.3
Ra6.3
11×11
ϕ38
ϕ32
20
45°
R8
ϕ8
Ra12.5
技术要求：
1. 未注圆角R1~R3。
2. 去毛刺锐边。
扳手
比例 1:1
材料 ZG150
制图
审核

图 3－13　扳手零件图

5. 在坐标纸上徒手绘制叉架零件图

图纸粘贴处

五、尺规绘制叉架类零件工程图

（1）根据零件尺寸确定图幅大小，选择横放还是竖放，并确定比例。

____

____

（2）根据零件结构和功能，叉架类零件需要标注哪些几何公差？

____

____

（3）根据徒手绘制好的零件草图，应用绘图工具绘制叉架类零件工程图。

图
纸
粘
贴
处

六、AutoCAD 软件绘制叉架零件工程图

1. 基本参数设置

根据前面所学的知识，对 AutoCAD 软件进行基本参数设置。包括新建图框、绘制图框和标题栏、设置图层、设置标注样式和文字样式。

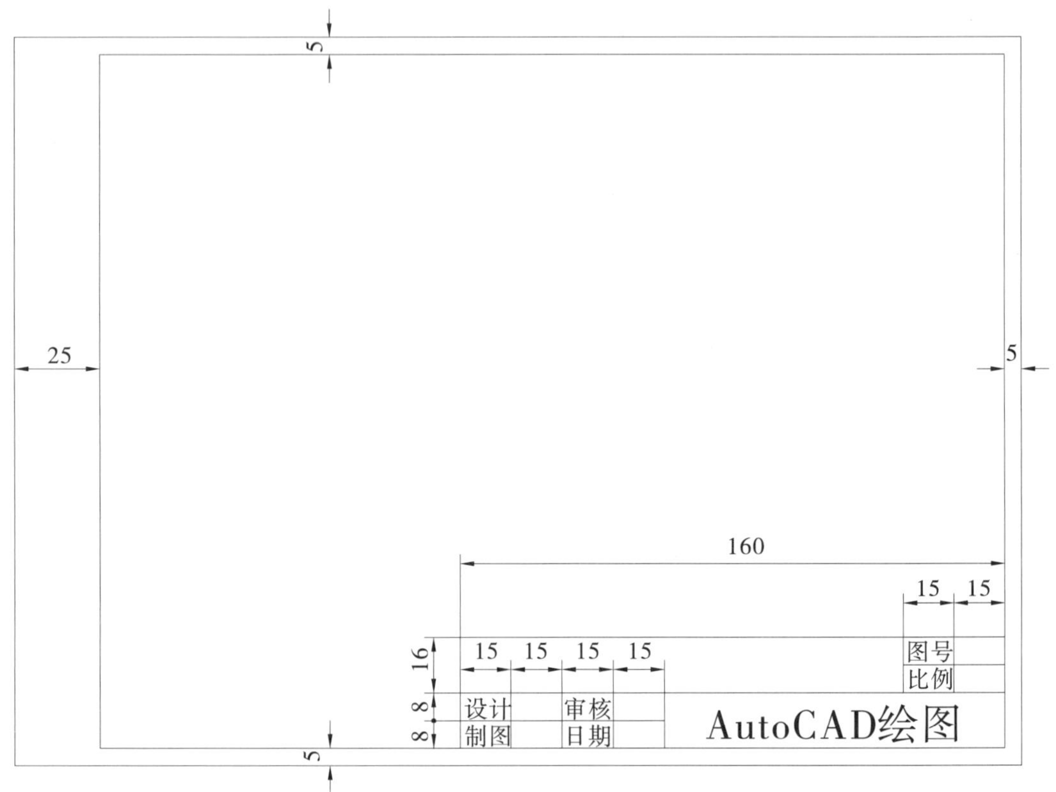

图 3－14

2. 画叉架俯视图的中心线

图 3－15

3. 画叉架俯视图的轮廓线

图 3 – 16

4. 利用镜像功能，对叉架俯视图的轮廓线进行镜像，完成轮廓线的绘制

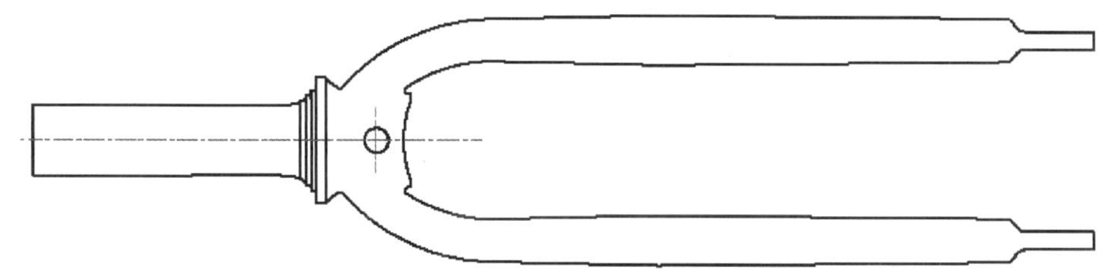

图 3 – 17

5. 完成中心线和局部视图的绘制

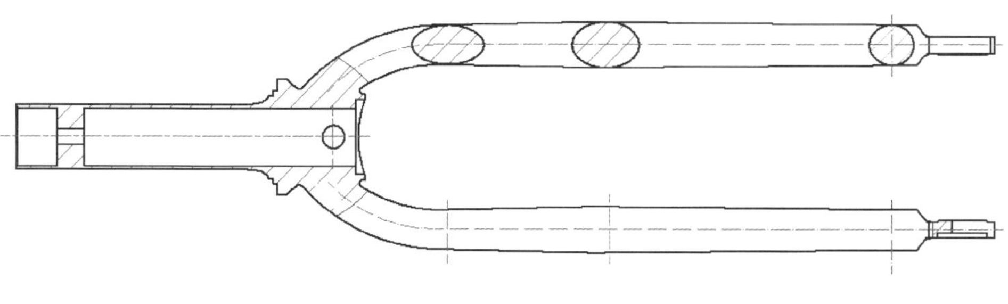

图 3 – 18

6. 根据俯视图画叉架前视图的中心线

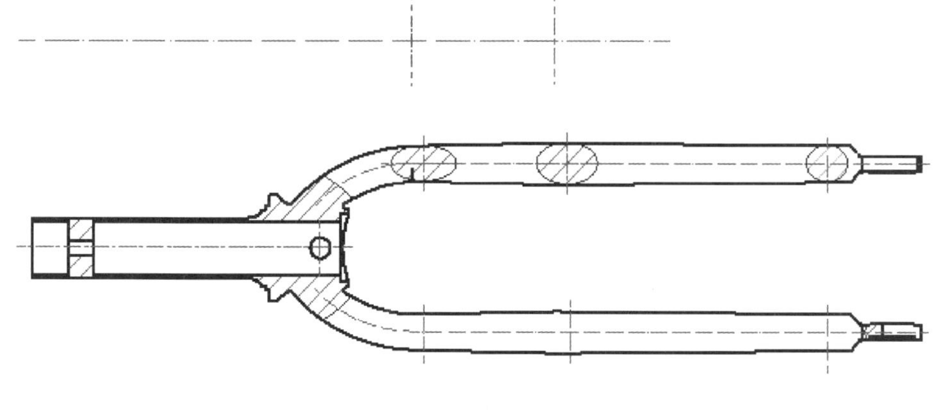

图 3 – 19

7. 画叉架的前视图轮廓线

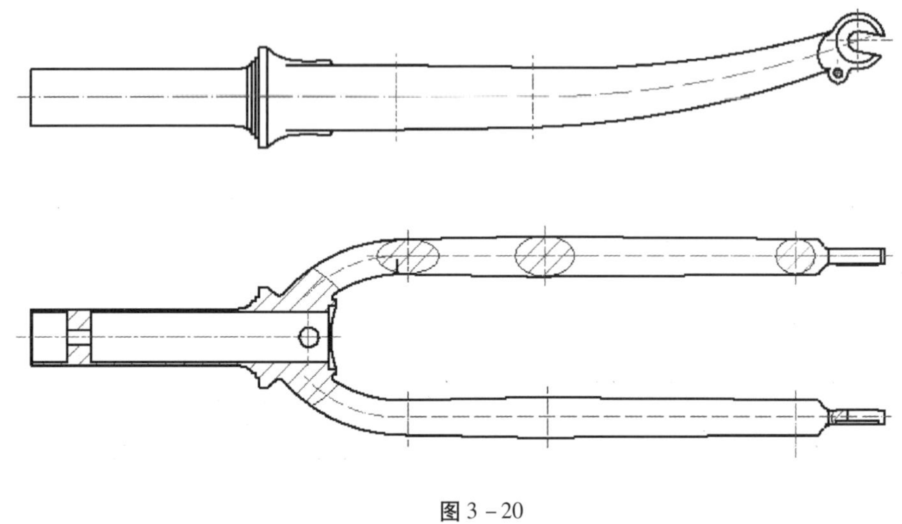

图 3－20

8. 根据叉架的结构特征画局部放大视图

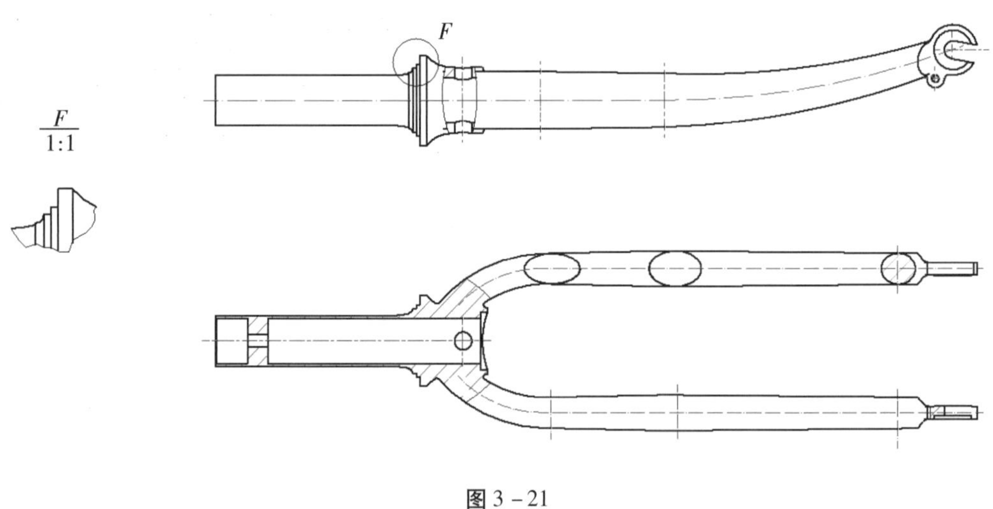

图 3－21

9. 对叉架进行尺寸、公差标注并完成技术要求

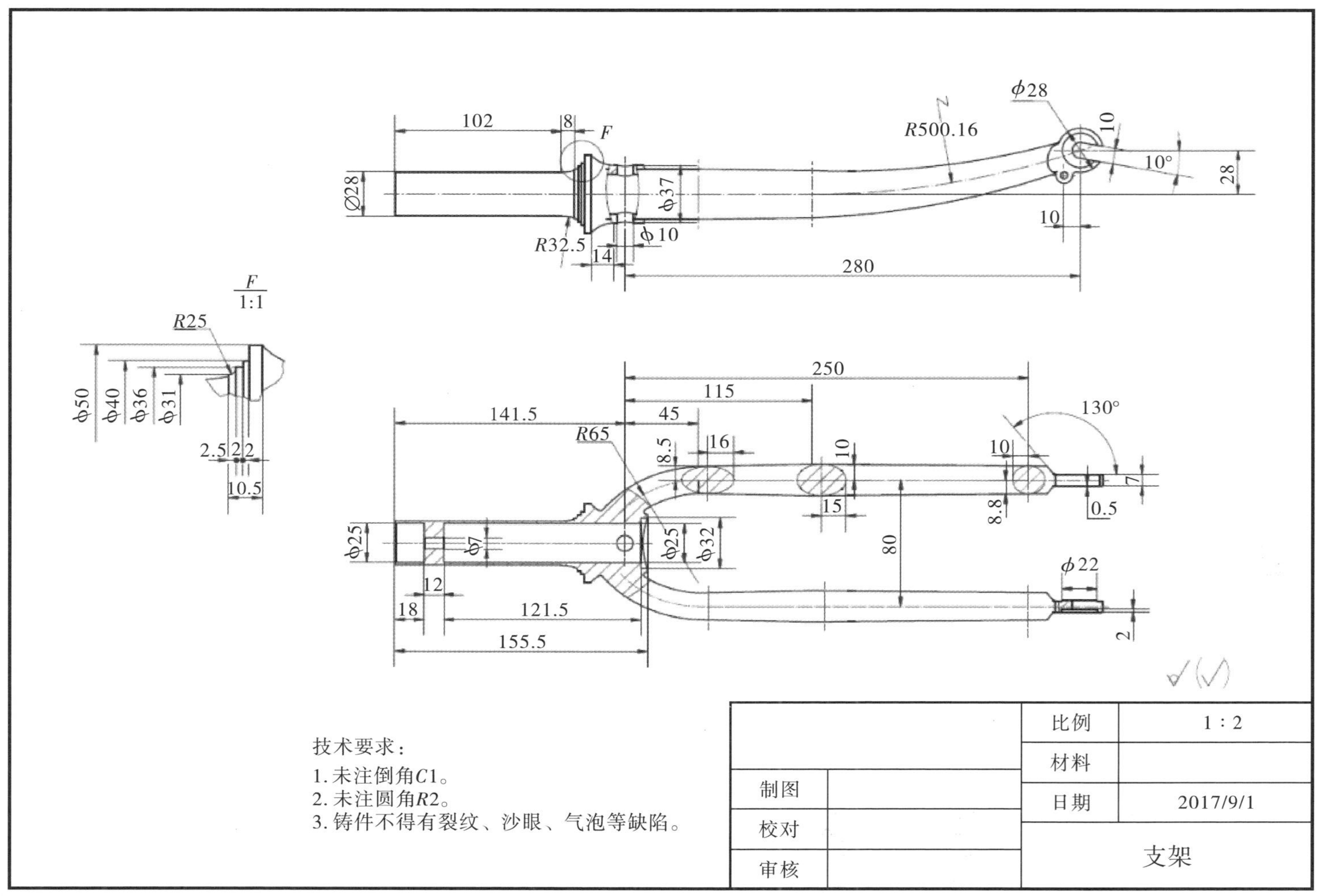
102
8
F
R500.16
ϕ28
10
10°
28
Ø28
ϕ37
R32.5
ϕ10
14
10
280
F
1:1
R25
ϕ50
ϕ40
ϕ36
ϕ31
2.5
2
2
10.5
250
115
141.5
45
R65
130°
8.5
16
10
10
ϕ25
ϕ7
ϕ25
ϕ32
15
8.8
0.5
7
80
ϕ22
12
18
121.5
155.5
2
技术要求：
1. 未注倒角C1。
2. 未注圆角R2。
3. 铸件不得有裂纹、沙眼、气泡等缺陷。
比例
1 : 2
材料
日期
2017/9/1
制图
校对
审核
支架

图 3-22

学习活动4 成果审核及总结评价

学习目标

展示汇报叉架类零件测绘的成果，能够根据评价标准进行自检，并能审核他人成果以及提出修改意见。

建议学时

2 学时

学习过程

一、总结

总结本任务中在拆解、草绘、测量、手绘、机绘过程中遇到的困难及解决方法。

二、填写评价表

如实完成评价表中的内容。

表 3－4

模块	评价内容	自评	他评
工作态度 （10 分）	参与任务的积极性 5 分 （非常积极 5 分，一般 2 分，不积极 0 分）		
	在规定的时间内完成任务 5 分 （完成 5 分，未完成 0 分）		
拆解 （10 分）	1. 拆装工具使用不正确一处扣 2 分 2. 动作是否规范，错误一处扣 2 分 3. 拆卸物摆放不规范一处扣 2 分 4. 违反安全操作规程扣 2 ~ 5 分 5. 工作台及场地脏乱扣 2 ~ 5 分		
草绘 （10 分）	视图表达不合理或未能完整表达扣 5 ~ 10 分		

（续上表）

模块	评价内容	自评	他评
测量 （20 分）	1. 测量器具使用错误一次扣 5 分 2. 数据处理错误一处扣 3 分 3. 尺寸、公差标注不完整扣 5 分 4. 表面质量标注不合理、不含技术要求扣 5 分		
手工绘图 （25 分）	1. 图纸选择不合理扣 3 分 2. 绘制比例选择不合理扣 5 分 3. 视图表达不合理或未能完整表达扣 10～15 分 4. 线型使用错误一处扣 1 分 5. 中心线超出轮廓线 3～5 mm，超出或不足每处扣 1 分 6. 图线使用错误一处扣 2 分 7. 字体书写不认真一处扣 2 分 8. 漏画、错画一处扣 5 分 9. 图面不干净、不整洁 2～5 分 10. 尺寸标注不合理一处扣 2 分 11. 漏标、多标一处扣 2 分 12. 标注不规范（尺寸数字、尺寸界线、尺寸线、箭头其中之一不规范）一处扣 1 分		
计算机绘图 （25 分）	1. 图幅、图框、标题栏、文字、图线每错一处扣 2 分 2. 整体视图表达、断面绘制准确，一个视图表达有误扣 10 分 3. 图线尺寸、图线所在图层每错一处扣 2 分 4. 中心线超出轮廓线 3～5 mm，超出或不足每处扣 1 分 5. 绘图前检查硬件完好状态，使用完毕整理回准备状态，没检查、没整理每项扣 5～10 分		
总分（100 分）			

学习任务四

整机测绘

学习目标

（1）通过阅读任务书，明确任务完成时间和资料提交要求，通过查阅资料明确箱壳类零件结构特点以及装配图样的含义。通过查阅技术资料或咨询教师进一步明确任务要求中不懂的专业技术指标，最终在任务书中签字确认。

（2）能够分解测绘整机的工作内容及工作步骤，并能制订出测绘整机的工作计划表。

（3）通过阅读产品说明书，观察产品结构等方式能够叙述螺旋传动基本原理，并能汇总所有的机械传动方式。

（4）能够正确使用螺纹规工具测量螺纹，并能对多种螺纹连接方式进行绘制。

（5）能够确定标准件的型号。

（6）能够徒手绘制整机各零件的草图，并确定尺寸。

（7）能够利用尺规绘制装配工程图，并进行尺寸标注。

（8）能够熟练使用 AutoCAD 软件对整机进行零件图绘制及装配图绘制。

（9）展示汇报整机测绘的成果，能够根据评价标准进行自检，并能审核他人成果以及提出修改意见。

建议学时

60 学时

工作情境描述

某机械产品设备生产企业为迎合市场的需求需开发出一款新型螺旋千斤顶产品，要求体积小、重量轻、携带方便，应用于工厂仓库、桥梁、码头、交通运输和建筑工程等部门的起重作业。现需要对市场上热销的某品牌螺旋千斤顶进行整机测绘，在此基础上再进行改良设计，整机测绘工作任务量大、工作内容烦琐，需要对千斤顶的所有零件进行测绘，形成零件工程图纸和整机装配图纸，需要较强的专业基础能力和绘图能力，且绘制的零件图和整机装配图都有严格的规范标准。现企业技术人员咨询我校能否安排在校生帮助他们完成该项烦琐但重要的整机测绘工作。教师团队认为在教师的指导下，学生通过学习相关内容，应用学院现有量具及绘图工具完全可以胜任。企业提供了某型号的螺旋千斤顶，希望我们能在样品到货五周内完成螺旋千斤顶的整机测绘工作，绘制的图纸须由专业教师审核签字，提交零件工程图以及整机装配图企业打印版及电子版图纸。优秀作品在学业成果展中展示，并由企业为获得优秀作品的学生提供暑期实习机会作为奖励。

工作流程与活动

接受测绘任务，明确任务要求（1 学时）
制订工作计划（1 学时）
测绘整机（56 学时）
成果审核及总结评价（2 学时）

学习活动1 接受测绘任务，明确任务要求

学习目标

通过阅读任务书，明确任务完成时间和资料提交要求，通过查阅资料明确箱壳类零件结构特点以及装配图样的含义，通过查阅技术资料或咨询教师进一步明确任务要求中不懂的专业技术指标，最终在任务书中签字确认。

建议学时

1 学时

学习过程

表 4－1　任务书

<table>
<tr><td colspan="2">单号：　　　　　　　　　　　　开单部门：　　　　　　　　　　　　开单人：
开单时间：　　　　　年　　月　　日　　时　　分
接单部门：工程部结构设计组</td></tr>
<tr><td>任务概述</td><td>某机械产品设备生产企业为迎合市场的需求需开发出一款新型系列螺旋千斤顶产品，要求体积小、重量轻、携带方便，应用于工厂仓库、桥梁、码头、交通运输和建筑工程等部门的起重作业。现需要对市场上热销的某品牌螺旋千斤顶进行整机测绘，在此基础上进行改良设计，整机测绘工作任务量大、工作内容烦琐，需要对千斤顶的所有零件进行测绘，形成零件工程图纸和整机装配图纸，需要较强的专业基础能力和绘图能力，且绘制的零件图和整机装配图都有严格的规范标准。现企业技术人员咨询我校能否安排在校生帮助他们完成该项烦琐但重要的整机测绘工作。教师团队认为大家在教师的指导下，学生通过学习相关内容，应用学院现有量具及绘图工具完全可以胜任。企业提供了某型号的螺旋千斤顶，希望我们能在样品到货五周内完成螺旋千斤顶的整机测绘工作，绘制的图纸须由专业教师审核签字，提交零件工程图以及整机装配图企业打印版及电子版图纸。优秀作品在学业成果展中展示，并由企业为获得优秀作品的学生提供暑期实习机会作为奖励。</td></tr>
<tr><td>提供的产品以及工具</td><td>螺旋千斤顶一台
工具箱一套
游标卡尺一把，千分尺，R 规一套，粗糙度比较样块一套，内外螺纹规各一套</td></tr>
<tr><td>任务完成时间</td><td></td></tr>
<tr><td>接单人</td><td>（签名）　　　　　　　　　　　　年　　月　　日</td></tr>
</table>

（1）阅读任务书。

独立阅读工作页中的任务书，明确任务完成时间和资料提交要求，包括螺旋千斤顶的整机测绘、提交零件工程图以及整机装配图企业打印版及电子版图纸等。用荧光笔在任务书中画出关键词，并记录关键词，对整个任务书理解无误后在任务书中签字。

____

____

（2）简述装配图的含义。

____

____

（3）简述你对螺旋千斤顶的理解。

____

____

____

学习活动② 制订工作计划

学习目标

能够分解测绘整机的工作内容及工作步骤，并能制订出测绘整机的工作计划表。

建议学时

1 学时

学习过程

（1）分解测绘整机的工作内容及工作步骤，修订整机测绘工作计划表中的工作步骤。

（2）确定各工作步骤需要准备的资源，并将需要准备的资源填写在工作计划表中。

（3）确定各工作步骤的工作要求，并将工作要求填写在工作计划表中。

（4）明确小组内人员分工及职责，并将小组人员分工安排填写在工作计划表中。

（5）估算阶段性工作时间及具体日期安排，并将计划时间填写在工作计划表中，在工作过程中记录实际工作时间。

表 4－2　整机测绘工作计划表

序号	工作步骤	资源准备	工作要求	人员分工	时间安排	
					计划	实际
1	了解产品功能及整体结构					
2	制订拆解方案					
3	拆解整机					
4	徒手绘制各零件草图					
5	尺规绘制装配图					
6	计算机 AutoCAD 软件绘制零件工程图和装配工程图					

学习活动3 测绘整机

学习目标

（1）通过阅读产品说明书，观察产品结构等方式能够叙述螺旋传动基本原理，并能汇总所有的机械传动方式。

（2）能够正确使用螺纹规工具测量螺纹，并能对多种螺纹连接方式进行绘制。

（3）能够确定标准件的型号。

（4）能够徒手绘制整机各零件的草图，并确定尺寸。

（5）能够利用尺规绘制装配工程图，并进行尺寸标注。

（6）能够熟练使用 AutoCAD 软件对整机进行零件图绘制及装配图绘制。

建议学时

56 学时

学习过程

一、了解产品功能及整体结构

（1）简述螺旋千斤顶的工作原理。

______

______

（2）汇总常见的机械传动方式。

______

______

（3）简述螺旋传动的特点以及传动方式。

______

______

______

二、制订拆解方案

根据产品结构制订拆解方案，如表 4－3 所示。

表 4－3

拆解步骤	零件名称	零件数量	零件材料	拆解工具	备注
1					
2					
3					
4					
5					
6					
7					
8					
9					

三、拆解整机

（1）简述标准件的含义。

____

____

（2）简述标准化紧固件的种类。

____

____

（3）简述螺纹的含义。

____

____

（4）按螺纹的旋向，可分为______________________。
按螺旋线的数目不同，可分为______________________。
按螺纹的牙型不同，常见的螺纹可分为______________________。
按螺纹的功能，可分为______________________。

（5）填写表4－4所示常见的几种螺纹的特征代号及用途。

表4－4

<table>
<tr><th colspan="3">螺纹种类</th><th>特征代号</th><th>外形图</th><th>用途</th></tr>
<tr><td rowspan="3">连接螺纹</td><td>粗牙</td><td rowspan="2">普通螺纹</td><td rowspan="2"></td><td rowspan="2"></td><td>最常用的连接螺纹</td></tr>
<tr><td>细牙</td><td>用于细小的精密或薄壁零件</td></tr>
<tr><td colspan="2">管螺纹</td><td></td><td></td><td>用于水管、油管、气管等薄壁管子上，用于管路的连接</td></tr>
<tr><td rowspan="2">传动螺纹</td><td colspan="2">梯形螺纹</td><td></td><td></td><td>用于各种机床的丝杠，作传动用</td></tr>
<tr><td colspan="2">锯齿形螺纹</td><td></td><td></td><td>只能传递单方向的动力</td></tr>
</table>

（6）简述螺纹的基本要素。

（7）螺纹标记的基本模式如下：

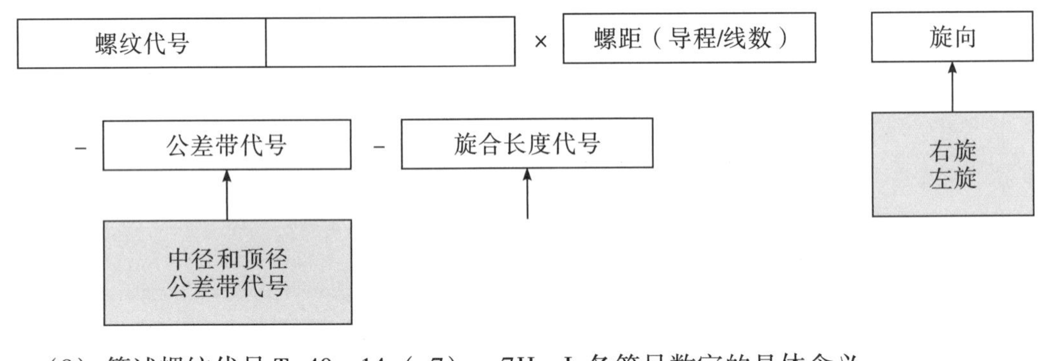

（8）简述螺纹代号 Tr 40×14（p7）–7H–L 各符号数字的具体含义。

____

____

____

（9）管螺纹采用__________单位。1In = __________ mm。

（10）用螺纹密封的管螺纹标记有哪些?

____

____

____

（11）简述螺纹代号 $G1\frac{1}{2}B-LH$ 各符号数字的具体含义。

____

____

____

（12）螺纹标注尺寸界线应从______________引出。

（13）螺纹的画法采用规定画法，外螺纹一般用______________表示，内螺纹多用______________表示。

（14）外螺纹的画法：

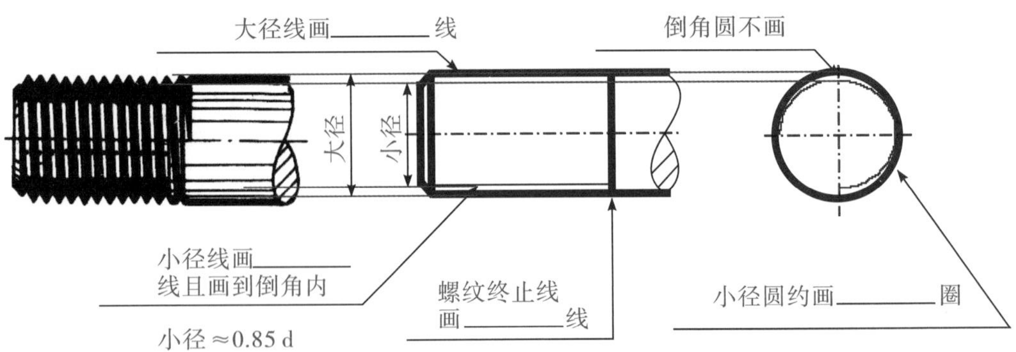

图 4–1

（15）内螺纹的画法：

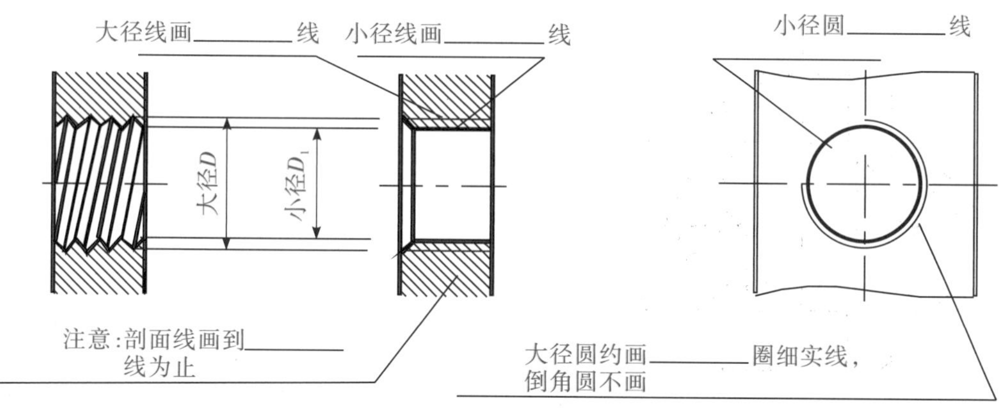

图 4－2

（16）完成螺纹旋合 $A-A$ 视图的画法。

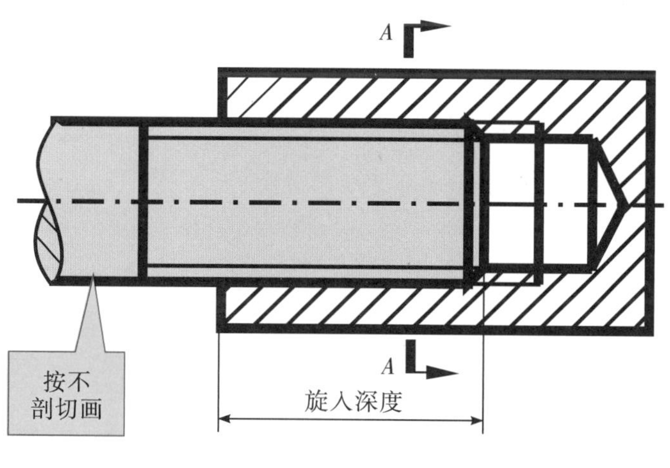

图 4－3

（17）简述螺栓连接的应用场合及应用方法。

（18）查阅国家标准，将螺栓连接图画在空白处。

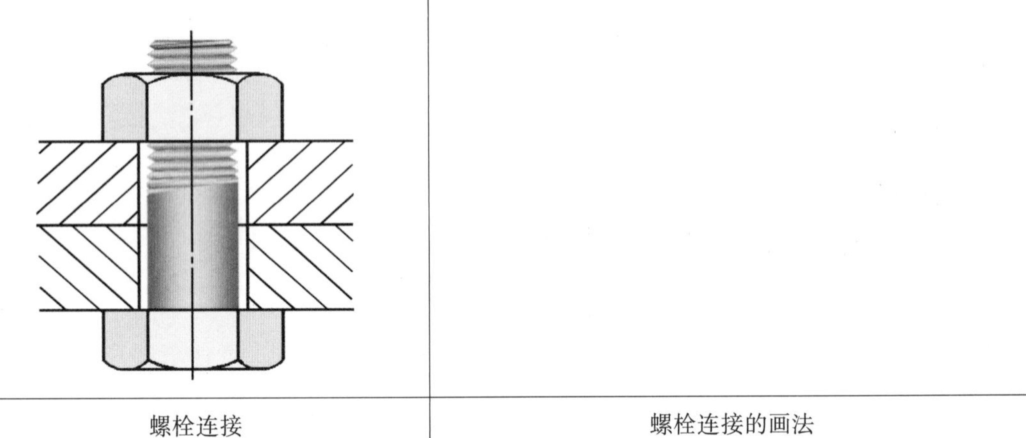	
螺栓连接	螺栓连接的画法

注：1）被连接件的孔径 =1.1 d。

2）两块板的剖面线方向不同。

3）剖切面通过螺杆的轴线时螺栓、垫圈、螺母按不剖画。

4）螺栓的有效长度按下式计算：

$L_{计} = \delta_1 + \delta_2 + 0.15\,d$（垫圈厚） $+0.8\,d$（螺母厚） $+0.3\,d$，计算后查表取标准值。

（19）简述双头螺柱连接的应用场合及应用方法。

（20）查阅国家标准，将双头螺柱连接图画在空白处。

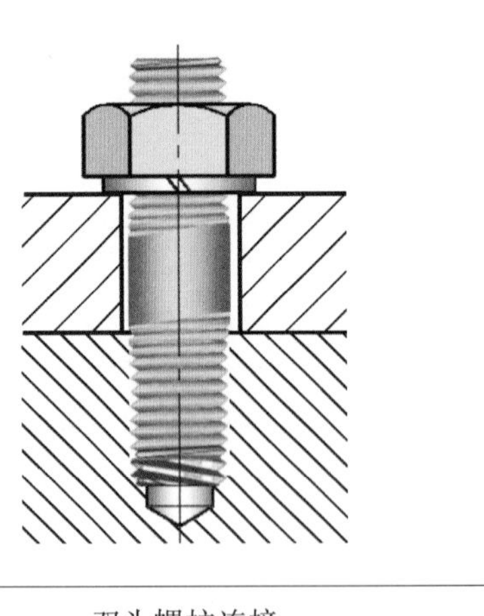	
双头螺柱连接	双头螺柱连接的画法

注：1）$L_{计} = \delta + 0.15\,d + 0.8\,d + 0.3\,d$。

2）b_m 由被连接件的材料决定。

（21）简述螺钉连接的应用场合及应用方法。

____

____

（22）查阅国家标准，将螺钉连接图画在空白处。

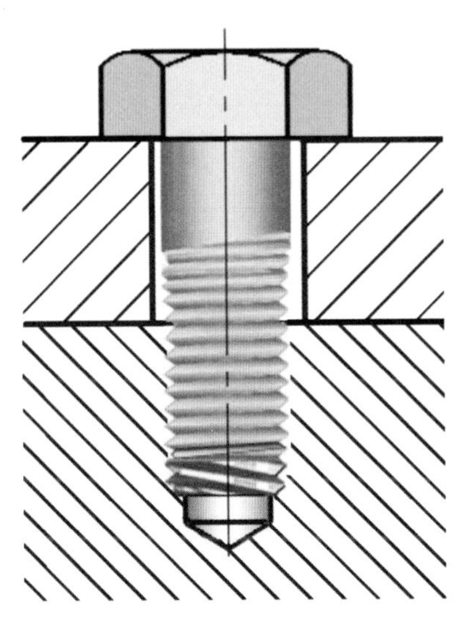	
螺钉连接	螺钉连接的画法

注：

$$b_m=\begin{cases}\text{螺钉长度：}L_{\text{计}}=b_m+\delta\\ \text{钢}\quad:b_m=\mathrm{d}\\ \text{铸铁}\quad:b_m=1.25\ \mathrm{d}\ \text{或}\ 1.5\ \mathrm{d}\\ \text{铝}\quad:b_m=2\ \mathrm{d}\end{cases}$$

（23）简述 GB/T 41 M16 的含义。将本产品中的标准件型号填写在拆解零件方案的备注栏中。

____

____

四、各零件及装配图草图手绘

（1）在坐标纸上选择合适的视图表达方案对螺旋千斤顶各零件进行视图表达。将有配合关系的各零件尺寸汇总如下，如起重螺杆 $\phi30H7$ 与旋转杆 $\phi30f6$。

（2）简述零件图与装配图的区别。

（3）装配图的规定画法有哪些？

（4）装配图的特殊画法有哪些？

（5）装配图中的夸大画法是指什么？

（6）装配图中的简化画法是指什么？

（7）在合适的坐标纸上选择合适的视图表达方案手绘螺旋千斤顶各零件图和装配图。

图

纸

粘

贴

处

（8）根据学习活动 4 评价表的内容对手绘图纸进行自我评价和组内评价。

五、尺规绘制装配图

（1）简述一张完整的装配图应包括的内容。

（2）简述装配图的尺寸。

（3）根据钻模装配图（如图 4－4 所示），回答下列问题。

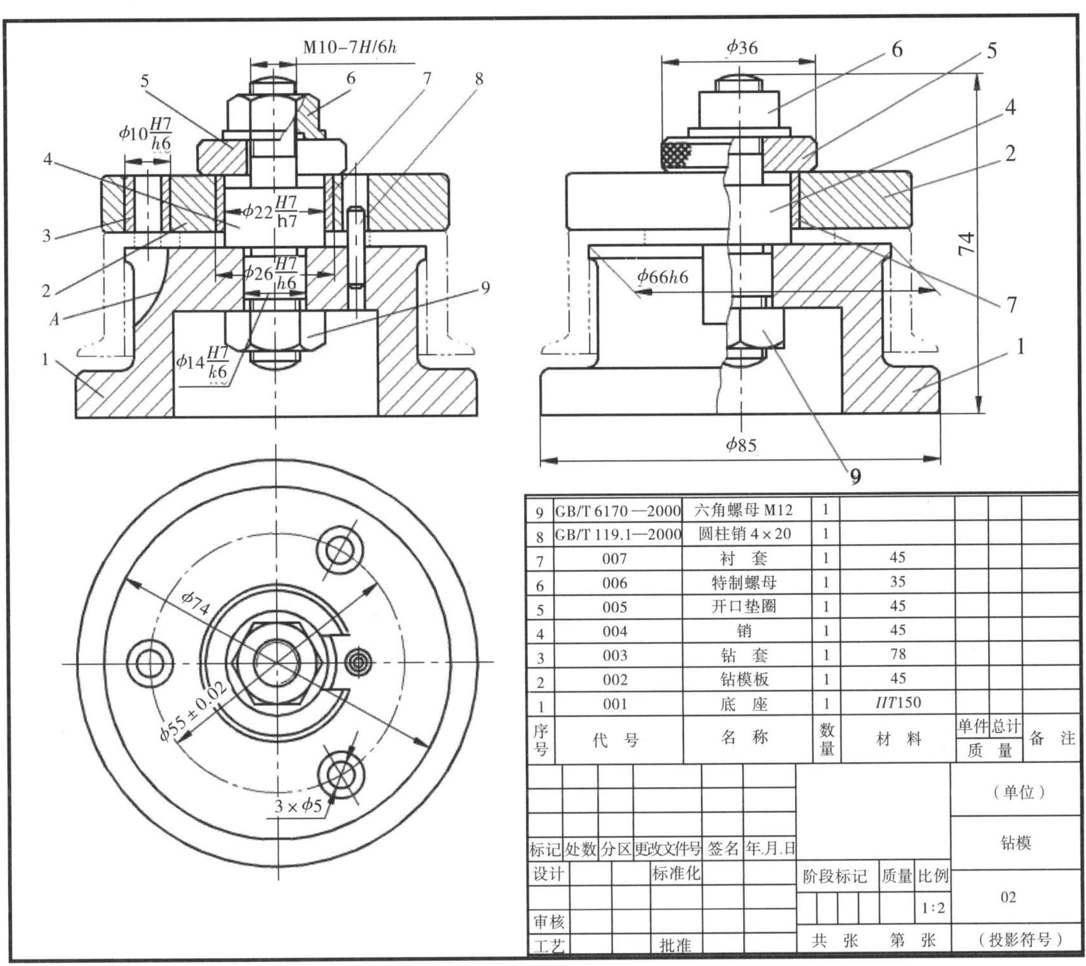

序号	代号	名称	数量	材料	单件 总计 质量	备注
9	GB/T 6170—2000	六角螺母 M12	1			
8	GB/T 119.1—2000	圆柱销 4×20	1			
7	007	衬套	1	45		
6	006	特制螺母	1	35		
5	005	开口垫圈	1	45		
4	004	销	1	45		
3	003	钻套	1	78		
2	002	钻模板	1	45		
1	001	底座	1	HT150		

图 4－4

1）该装配体共由________种零件组成，其中标准件有________种。

2）该装配图主视图采用了剖视，采用的特殊表达方法是________画法，左视图采用了剖视，此外还绘制了________视图。

3）零件 2 和零件 3 之间的配合尺寸为________，其轴的公差带代号为________，孔的公差带代号为________，该配合属于________配合。

4）主视图上圆弧 *A* 表示的结构形状是________，它在底座上共有________处。

5）圆柱销 8 的主要作用是________________。

6）钻套 3 的主要作用是________________。

7）在左视图上用指引线标出件号为 1、2、4、5、6、7、9 的零件。

8）如何拆下被加工好的工件？

____

9）简述钻模板的工作原理。

____

____

（4）选择合适的图纸完成螺旋千斤顶的装配图手工绘制，并根据学习活动 4 评价表中的内容进行自我评价和组内评价。

图

纸

粘

贴

处

六、利用 AutoCAD 软件绘制零件工程图和装配工程图

（1）从下面千斤顶装配图中拆绘出底座零件图。通过样板文件创建一个新文件，然后将剪贴板上的零件图粘贴到当前文件中，并保存文件为“底座”，保存在 D 盘以“姓名 + 螺旋千斤顶”命名的文件夹中。

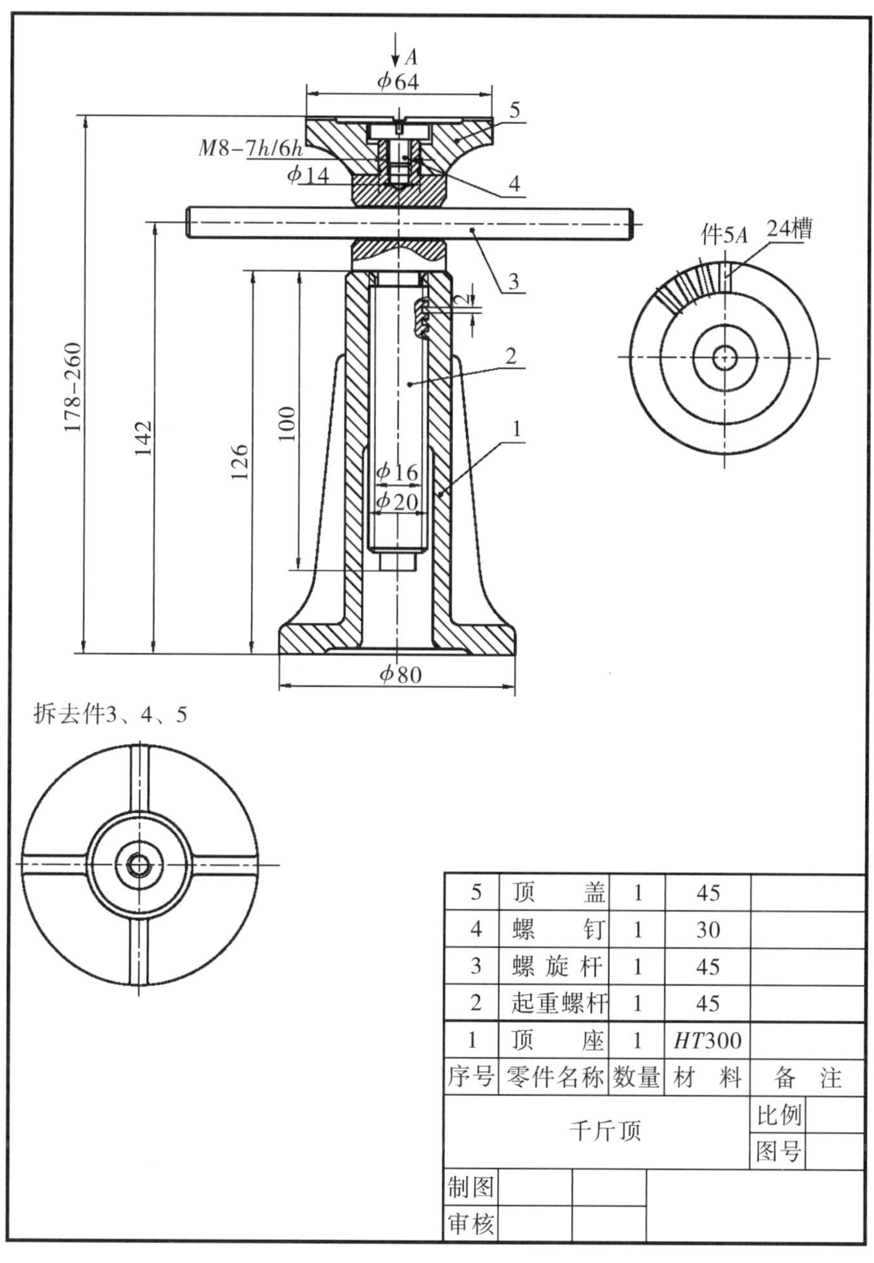

序号	零件名称	数量	材 料	备 注
5	顶 盖	1	45	
4	螺 钉	1	30	
3	螺旋杆	1	45	
2	起重螺杆	1	45	
1	顶 座	1	*HT*300	

千斤顶		比例	
		图号	
制图			
审核			

图 4－5

（2）调用样板文件，根据手绘零件图纸利用 AutoCAD 软件进行计算机绘图，所有零件均要求进行尺寸标注，并将各零件图保存在 D 盘以“姓名 + 螺旋千斤顶”命名的文件夹中。

（3）绘制螺旋千斤顶装配图，并以“螺旋千斤顶装配图”命名装配图文件，保存在 D 盘以“姓名 + 螺旋千斤顶”命名的文件夹中。

1）创建一个新文件。

2）打开所需的零件图，关闭尺寸所在的图层，利用复制及粘贴功能将零件图复制到新文件中。

3）利用 MOVE 命令将零件图组合在一起，再进行必要的编辑，形成装配图。

4）使用 MLEADER 命令可以很方便地创建带下画线或带圆圈形式的零件序号。生成序号后，用户可通过关键点编辑方式调整引线或序号数字的位置。

5）填写标题栏，编写明细表及技术要求。

（4）根据学习活动 4 评价表的内容对螺旋千斤顶的各零件图与装配图进行自我评价和组内互评。

学习活动 4 成果审核及总结评价

学习目标

展示汇报整机测绘的成果，能够根据评价标准进行自检，并能审核他人成果以及提出修改意见。

建议学时

2 学时

学习过程

一、总结

总结本任务中在拆解、草绘、测量、手绘、机绘过程中遇到的困难及解决方法。

二、填写评价表

如实完成评价表中的内容。

表 4－5

模块	评价内容	自评	他评
工作态度 （10 分）	参与任务的积极性 5 分 （非常积极 5 分，一般 2 分，不积极 0 分）		
	在规定的时间内完成任务 5 分 （完成 5 分，未完成 0 分）		
拆解 （10 分）	1. 拆装工具使用不正确一处扣 2 分 2. 动作是否规范，错误一处扣 2 分 3. 拆卸物摆放不规范一处扣 2 分 4. 违反安全操作规程扣 2 ~ 5 分 5. 工作台及场地脏乱扣 2 ~ 5 分		
草绘 （10 分）	视图表达不合理或未能完整表达扣 5 ~ 10 分		

（续上表）

模块	评价内容	自评	他评
测量 （20分）	1. 测量器具使用错误一次扣5分 2. 数据处理错误一处扣3分 3. 尺寸、公差标注不完整扣5分 4. 表面质量标注不合理、不含技术要求扣5分		
手工绘制 装配图 （25分）	1. 图纸选择不合理扣3分 2. 绘制比例选择不合理扣5分 3. 视图表达不合理或未能完整表达扣10～15分 4. 线型使用错误一处扣1分 5. 中心线超出轮廓线3～5 mm，超出或不足者每处扣1分 6. 图线使用错误一处扣2分 7. 字体书写不认真一处扣2分 8. 漏画、错画一处扣5分 9. 图面不干净、不整洁扣2～5分 10. 尺寸标注不合理一处扣2分 11. 漏标、多标一处扣2分 12. 标注不规范（尺寸数字、尺寸界线、尺寸线、箭头其中之一不规范）一处扣1分 13. 零件序号不规范扣2～5分 14. 明细栏内容不完整扣2～5分		
计算机绘图 （25分）	1. 图幅、图框、标题栏、文字、图线每错一处扣2分 2. 整体视图表达、断面绘制准确，一个视图表达有误扣10分 3. 图线尺寸、图线所在图层每错一处扣2分 4. 中心线超出轮廓线3～5 mm，超出或不足每处扣1分 5. 绘图前检查硬件完好状态，使用完毕整理回准备状态，没检查、没整理每项扣5～10分		
总分（100分）			

附 录

附录 1　标准公差数值（摘自 GB/T 1800.1—2009）

公称尺寸/mm		标准公差等值														
		*IT*4	*IT*5	*IT*6	*IT*7	*IT*8	*IT*9	*IT*10	*IT*11	*IT*12	*IT*13	*IT*14	*IT*15	*IT*16	*IT*17	*IT*18
大于	到	μm								mm						
–	3	3	4	6	10	14	25	40	60	0. 10	0. 14	0. 25	0. 40	0. 60	1. 0	1. 4
3	6	4	5	8	12	18	30	48	75	0. 12	0. 18	0. 30	0. 48	0. 75	1. 2	1. 8
6	10	4	6	9	15	22	36	58	90	0. 15	0. 22	0. 36	0. 58	0. 90	1. 5	2. 2
10	18	5	8	11	18	27	43	70	110	0. 18	0. 27	0. 43	0. 70	1. 10	1. 8	2. 7
18	30	6	9	13	21	33	52	84	130	0. 21	0. 33	0. 52	0. 84	1. 30	2. 1	3. 3
30	50	7	11	16	25	39	62	100	160	0. 25	0. 39	0. 62	1. 00	1. 60	2. 5	3. 9
50	80	8	13	19	30	46	74	120	190	0. 30	0. 46	0. 74	1. 20	1. 90	3. 0	4. 6
80	120	10	15	22	35	54	87	140	220	0. 35	0. 54	0. 87	1. 40	2. 20	3. 5	5. 4
120	180	12	18	25	40	63	100	160	250	0. 40	0. 63	1. 00	1. 60	2. 50	4. 0	6. 3
180	250	14	20	29	46	72	115	185	290	0. 46	0. 72	1. 15	1. 85	2. 90	4. 6	7. 2
250	315	16	23	32	52	81	130	210	320	0. 52	0. 81	1. 30	2. 10	3. 20	5. 2	8. 1
315	400	18	25	36	57	89	140	230	360	0. 57	0. 89	1. 40	2. 30	3. 60	5. 7	8. 9
400	500	20	27	40	63	97	155	250	400	0. 63	0. 97	1. 55	2. 50	4. 00	6. 3	9. 7

注：公称尺寸小于或等于 1 mm 时，无 *IT*14 至 *IT*18。

附录 2　轴的基本偏差数值

单位：μm

基本尺寸 /mm		基本偏差数值																
		上极限偏差 *es*												下极限偏差 *ei*				
大于	至	所有标准公差等级												*IT*50 和 *IT*6	*IT*7	*IT*8	*IT*4 ~ *IT*7	≤*IT*3 >*IT*7
		a	*b*	*c*	*cd*	*d*	*e*	*ef*	*f*	*fg*	*g*	*h*	*js*	*j*			*k*	
—	3	−270	−140	−60	−34	−20	−14	−10	−6	−4	−2	0	偏差 = $\pm\frac{IT_n}{2}$，式中 IT_n 是 *IT* 值数	−2	−4	−6	0	0
3	6	−270	−140	−70	−46	−30	−20	−14	−10	−6	−4	0		−2	−4		+1	0
6	10	−280	−150	−80	−56	−40	−25	−18	−13	−8	−5	0		−2	−5		+1	0
10	14	−290	−150	−95		−50	−32		−16		−6	0		−3	−6		+1	0
14	18																	
18	24	−300	−160	−110		−65	−40		−20		−7	0		−4	−8		+2	0
24	30																	
30	40	−310	−170	−120		−80	−50		−25		−9	0		−5	−10		+2	0
40	50	−320	−180	−130														
50	65	−340	−190	−140		−100	−60		−30		−10	0		−7	−12		+2	0
65	80	−360	−200	−150														

（续上表）

基本尺寸/mm		基本偏差数值																
		上极限偏差 *es*												下极限偏差 *ei*				
大于	至	所有标准公差等级												*IT*5和*IT*6	*IT*7	*IT*8	*IT*4~*IT*7	≤*IT*3 >*IT*7
		a	*b*	*c*	*cd*	*d*	*e*	*ef*	*f*	*fg*	*g*	*h*	*js*	*j*			*k*	
80	100	-380	-220	-170		-120	-72		-36		-12	0	偏差 $= \pm \frac{IT_n}{2}$，式中 IT_n 是 *IT* 值数	-9	-15		+3	0
100	120	-410	-240	-180														
120	140	-460	-260	-200		-145	-85		-43		-14	0		-11	-18		+3	0
140	160	-520	-280	-210														
160	180	-580	-310	-230														
180	200	-660	-340	-240		-170	-100		-50		-15	0		-13	-21		+4	0
200	225	-740	-380	-260														
225	250	-820	-420	-280														
250	280	-920	-480	-300		-190	-110		-56		-17	0		-16	-26		+4	0
280	315	-1 050	-540	-330														
315	355	-1 200	-600	-360		-210	-125		-62		-18	0		-18	-28		+4	0
355	400	-1 350	-680	-400														
400	450	-1 500	-760	-440		-230	-135		-68		-20	0		-20	-32		+5	0
450	500	-1 650	-840	-480														

（续上表）

基本尺寸/mm		基本偏差数值																
		上极限偏差 es												下极限偏差 ei				
大于	至	所有标准公差等级												IT50 和 IT6	IT7	IT8	IT4 ~ IT7	≤IT3 >IT7
		a	b	c	cd	d	e	ef	f	fg	g	h	js	j			k	
500	560					-260	-145		-76		-22	0	偏差 = $\pm\frac{IT_n}{2}$，式中 IT_n 是 IT 值数				0	0
560	360																	
630	710					-290	-190		-80		-24	0					0	0
710	800																	
800	900					-320	-170		-86		-26	0					0	0
900	1000																	
1 000	1 120					-350	-195		-98		-28	0					0	0
1 120	1 250																	
1 400	1 600					-390	-220		-110		-39	0					0	0
1 400	1 600																	
1 600	1 800					-430	-240		-120		-32	0					0	0
1 800	2 000																	
2 000	2 240					-480	-260		-130		-34	0					0	0
2 240	2 500																	
2 500	2 800					-520	-290		-145		-38	0					0	0
2 800	3 150																	

（续上表）

基本尺寸/mm		基本偏差数值													
		下极限偏差 *ei*													
		所有标准公差等级													
大于	至	*m*	*n*	*p*	*r*	*s*	*t*	*u*	*v*	*x*	*y*	*z*	*za*	*zb*	*zx*
—	3	+2	+4	+6	+10	+14		+18		+20		+26	+32	+40	+60
3	6	+4	+8	+12	+15	+19		+23		+28		+35	+42	+50	+80
6	10	+6	+10	+15	+19	+23		+28		+34		+42	+52	+67	+97
10	14	+7	+12	+18	+23	+28		+33		+40		+60	+64	+90	+130
14	18								+39	+45		+60	+77	+108	+150
18	24	+8	+15	+22	+28	+35		+41	+47	+54	+63	+73	+98	+136	+188
24	30						+41	+48	+55	+64	+75	+88	+118	+160	+218
30	40	+9	+17	+26	+34	+43	+48	+60	+68	+80	+94	+112	+148	+200	+274
40	50						+54	+70	+81	+97	+114	+136	+180	+242	+325
50	65	+11	+20	+32	+41	+53	+66	+87	+102	+122	+144	+172	+226	+300	+405
65	80				+43	+59	+75	+102	+120	+146	+174	+210	+274	+360	+480
80	100	+13	+23	+37	+51	+71	+91	+124	+146	+178	+214	+258	+335	+445	+585
100	120				+54	+79	+104	+144	+172	+210	+254	+310	+400	+525	+690
120	140	+15	+27	+43	+63	+92	+122	+170	+202	+248	+300	+365	+470	+620	+800
140	160				+65	+100	+134	+190	+228	+280	+340	+415	+535	+700	+900
160	180				+68	+108	+146	+210	+252	+310	+380	+465	+600	+780	+1 000

（续上表）

基本尺寸/mm		基本偏差数值													
		下极限偏差 *ei*													
		所有标准公差等级													
大于	至	*m*	*n*	*p*	*r*	*s*	*t*	*u*	*v*	*x*	*y*	*z*	*za*	*zb*	*zx*
180	200	+17	+31	+50	+77	+122	+166	+236	+284	+350	+425	+520	+670	+880	+1 150
200	225				+80	+130	+180	+258	+310	+385	+470	575	+740	+960	+1 250
225	250				+84	+140	+196	+284	+340	+425	+520	+640	+820	+1 050	+1 350
250	280	+20	+34	+56	+94	+158	+218	+315	+385	+475	+580	+710	+920	+1 200	+1 550
280	315				+98	+170	+240	+350	+425	+525	+650	+790	+1 000	+1 300	+1 700
315	355	+21	+37	+62	+108	+190	+268	+390	+475	+590	+730	+900	+1 150	+1 500	+1 900
355	400				+144	+208	+294	+435	+530	+660	+820	+1 000	+1 300	+1 650	+2 100
400	450	+23	+40	+68	+126	+232	+330	+490	+595	+740	+920	+1 100	+1 450	+1 850	+2 400
450	500				+132	+252	+360	+540	+660	+820	+1 000	+1 250	+1 600	+2 100	+2 600
500	560	+26	+44	+78	+150	+280	+400	+600							
560	630				+155	+310	+450	+660							
630	710	+30	+50	+88	+175	+340	+500	+740							
710	800				+185	+380	+560	+840							
800	900	+34	+56	+100	+210	+430	+620	+940							
900	1 000				+220	+470	+680	+1 050							

（续上表）

基本尺寸/mm		基本偏差数值													
		下极限偏差 *ei*													
		所有标准公差等级													
大于	至	*m*	*n*	*p*	*r*	*s*	*t*	*u*	*v*	*x*	*y*	*z*	*za*	*zb*	*zx*
1 000	1120	+40	+66	+120	+250	+520	+780	+1150							
1120	1250				+260	+580	+840	+1 300							
1 250	1 400	+48	+78	+140	+300	+640	+960	+1 450							
1 400	1 600				+330	+720	+1 050	+1 600							
1 600	1 800	+58	+92	+170	+370	+820	+1 200	+1 850							
1 800	2 000				+400	+920	+1 350	+2 000							
2 000	2 240	+68	+110	+195	+440	+1 000	+1 500	+2 300							
2 240	2 500				+460	+1 100	+1 650	+2 500							
2 500	2 800	+76	+135	+240	+550	+1 250	+1 900	+2 900							
2 800	3 150				+580	+1 400	+2 100	+3 200							

注：1. 基本尺寸小于或等于 1 mm 时，基本偏差 a 和 b 均不采用。

2. 公差带 $js7$ 至 $js11$，若 IT_n 值数是奇数，则取偏差 = $\pm\frac{IT_n - 1}{2}$。

附录 3　孔的基本偏差数值

单位：μm

公称尺寸/mm		基本偏差数值																				
		下极限偏差 *EI*												上级限偏差 *ES*								
大于	至	所有标准公差等级												*IT*6	*IT*7	*IT*8	≤*IT*8	>*IT*8	≤*IT*8	>*IT*8	≤*IT*8	>*IT*8
		A	*B*	*C*	*CD*	*D*	*E*	*EF*	*F*	*FG*	*G*	*H*	*JS*	*J*			*K*		*M*		*N*	
—	3	+270	+140	+60	+34	+20	+14	+10	+6	+4	+2	0	偏差 = $\pm\frac{IT_n}{2}$，式中 IT_n 是 *IT* 值数	+2	+4	+6	0	0	−2	−2	−4	−4
3	6	+270	+140	+70	+46	+30	+20	+14	+10	+6	+4	0		+5	+6	+10	−1+Δ		−4+Δ	−4	−8+Δ	0
6	10	+280	+150	+80	+56	+40	+25	+18	+13	+8	+5	0		+5	+8	+12	−1+Δ		−6+Δ	−6	−10+Δ	0
10	14	+290	+150	+95		+50	+32		+16		+6	0		+6	+10	+15	−1+Δ		−7+Δ	−7	−12+Δ	0
14	18																					
18	24	+300	+160	+110		+65	+40		+20		+7	0		+8	+12	+20	−2+Δ		−8+Δ	−8	−15+Δ	0
24	30																					
30	40	+310	+170	+120		+80	+50		+25		+90	0		+10	+14	+24	−2+Δ		−9+Δ	−9	−17+Δ	0
40	50	+320	+180	+130																		
50	65	+340	+190	+140		+100	+60		+30		+10	0		+13	+18	+28	−2+Δ		−11+Δ	−11	−20+Δ	0
65	80	+360	+200	+150																		
80	100	+380	+220	+170		+120	+72		+36		+12	0		+16	+22	+34	−3+Δ		−13+Δ	−13	−23+Δ	0
100	120	+410	+240	+180																		

（续上表）

公称尺寸/mm		基本偏差数值																				
		下极限偏差 *EI*												上级限偏差 *ES*								
大于	至	所有标准公差等级												*IT*6	*IT*7	*IT*8	≤*IT*8	>*IT*8	≤*IT*8	>*IT*8	≤*IT*8	>*IT*8
		A	*B*	*C*	*CD*	*D*	*E*	*EF*	*F*	*GF*	*G*	*H*	*JS*	*J*			*K*		*M*		*N*	
120	140	+460	+260	+200																		
140	160	+520	+280	+210		+145	+85		+43		+14	0		+18	+26	+41	−3+Δ		−15+Δ	−15	−27+Δ	0
160	180	+580	+310	+230																		
180	200	+660	+340	+240																		
200	225	+740	+380	+260		+170	+100		+50		+15	0		+22	+30	+47	−4+Δ		−17+Δ	−17	−31+Δ	0
225	250	+820	+420	+280																		
250	280	+920	+480	+300		+190	+110		+56		+17	0	偏差 $=\pm\frac{IT_n}{2}$，式中 IT_n 是 *IT* 值数	+25	+36	+55	−4+Δ		−20+Δ	−20	−34+Δ	0
280	315	+1 050	+540	+330																		
315	355	+1 200	+600	+360		+210	+125		+62		+18	0		+29	+39	+60	−4+Δ		−21+Δ	−21	−37+Δ	0
355	400	+1 350	+680	+400																		
400	450	+1 500	+760	+440		+230	+135		+68		+20	0		+33	+43	+66	−5+Δ		−23+Δ	−23	−40+Δ	0
450	500	+1 650	+840	+480																		
500	560					+260	+145		+76		+22	0					0		−26		−44	
560	630																					
630	710					+290	+160		+80		+24	0					0		−30		−50	
710	800																					

（续上表）

公称尺寸/mm		基本偏差数值																				
		下极限偏差 EI												上级限偏差 ES								
大于	至	所有标准公差等级												$IT6$	$IT7$	$IT8$	$\leqslant IT8$	$>IT8$	$\leqslant IT8$	$>IT8$	$\leqslant IT8$	$>IT8$
		A	B	C	CD	D	E	EF	F	GF	G	H	JS	J			K		M		N	
800	900					+320	+170		+86		+26	0	偏差 $=\pm\frac{IT_n}{2}$，式中 IT_n 是 IT 值数				0		−34		−56	
900	1 000																					
1 000	1 120					+350	+195		+98		+28	0					0		−40		−66	
1 120	1 250																					
1 250	1 400					+390	+220		+110		+30	0					0		−48		−78	
1 400	1 600																					
1 600	1 800					+430	+240		+120		+32	0					0		−58		−92	
1 800	2 000																					
2 000	2 240					+480	+260		+130		+34	0					0		−68		−110	
2 240	2500																					
2 500	2 800					+520	+290		+145		+38	0					0		−76		−135	
2 800	3 150																					

（续上表）

公称尺寸/mm		基本偏差数值 上极限偏差 ES													Δ 值					
大于	至	≥$IT7$	标准公差等级大于 $IT7$												标准公差等级					
		P 至 ZC	P	R	S	T	U	V	X	Y	Z	ZA	ZB	ZC	$IT3$	$IT4$	$IT5$	$IT6$	$IT7$	$IT8$
—	3	在大于 $IT7$ 的相应数值上增加一个 Δ 值	-6	-10	-14		-18		-20		-26	-32	-40	-60	0	0	0	0	0	0
3	6		-12	-15	-19		-23		-28		-35	-42	-50	-80	1	1.5	1	3	4	6
6	10		-15	-19	-23		-28		-34		-42	-52	-67	-97	1	1.5	2	3	6	7
10	14		-18	-23	-28		-33		-40		-50	-64	-90	-130	1	2	3	3	7	9
14	18							-39	-45		-60	-77	-108	-150						
18	24		-22	-28	-35		-41	-47	-54	-63	-73	-98	-136	-188	1.5	2	3	4	8	12
24	30					-41	-48	-55	-64	-75	-88	-118	-160	-218						
30	40		-26	-34	-43	-48	-60	-68	-80	-94	-112	-148	-200	-274	1.5	3	4	5	9	14
40	50					-54	-70	-81	-97	-114	-136	-180	-242	-325						
50	65		-32	-41	-53	-66	-87	-102	-122	-144	-172	-226	-300	-405	2	3	5	6	11	16
65	80			-43	-59	-75	-102	-120	-146	-174	-210	-274	-360	-480						
80	100		-37	-51	-71	-91	-124	-146	-178	-214	-258	-335	-445	-585	2	4	5	7	13	19
100	120			-54	-79	-104	-144	-172	-210	-254	-310	-400	-525	-690						
120	140		-43	-63	-92	-122	-170	-202	-248	-300	-365	-470	-620	-800	3	4	6	7	15	23
140	160			-65	-100	-134	-190	-228	-280	-340	-415	-535	-700	-900						
160	180			-68	-108	-146	-210	-252	-310	-380	-465	-600	-780	-1 000						

（续上表）

公称尺寸/mm		基本偏差数值													Δ值					
		上极限偏差 ES																		
		≥IT7	标准公差等级大于 IT7												标准公差等级					
大于	至	P 至 ZC	P	R	S	T	U	V	X	Y	Z	ZA	ZB	ZC	IT3	IT4	IT5	IT6	IT7	IT8
180	200			-77	-122	-166	-236	-284	-350	-425	-520	-670	-880	-1 150						
200	225		-50	-80	-130	-180	-258	-310	-385	-470	-575	-740	-960	-1 250	3	4	6	9	17	26
225	250			-84	-140	-196	-284	-340	-425	-520	-640	-820	-1 050	-1 350						
250	280		-56	-94	-158	-218	-315	-385	-475	-580	-710	-920	-1 200	-1 550	4	4	7	9	20	29
280	315			-98	-170	-240	-350	-425	-525	-650	-790	-1 000	-1 300	-1 700						
315	355	在大于 IT7 的相应数值上增加一个 Δ 值	-62	-108	-190	-268	-390	-475	-590	-730	-900	-1 150	-1 500	-1 900	4	5	7	11	21	32
355	400			-114	-208	-294	-435	-530	-660	-820	-1 000	-1 300	-1 650	-2 100						
400	450		-68	-126	-232	-330	-490	-595	-740	-920	-1 100	-1 450	-1 850	-2 400	5	5	7	13	23	34
450	500			-132	-252	-360	-540	-660	-820	-1 000	-1 250	-1 600	-2 100	-2 600						
500	560		-78	-150	-280	-400	-600													
560	630			-155	-310	-450	-660													
630	710		-88	-175	-340	-500	-740													
710	800			-185	-380	-560	-840													
800	900		-100	-210	-430	-620	-940													
900	1 000			-220	-470	-680	-1 050													

（续上表）

公称尺寸/mm		基本偏差数值													Δ值					
		上极限偏差 *ES*																		
大于	至	≥*IT*7	标准公差等级大于 *IT*7												标准公差等级					
		P 至 *ZC*	*P*	*R*	*S*	*T*	*U*	*V*	*X*	*Y*	*Z*	*ZA*	*ZB*	*ZC*	*IT*3	*IT*4	*IT*5	*IT*6	*IT*7	*IT*8
1 000	1 120	在大于 *IT*7 的相应数值上增加一个Δ值	−120	−250	−520	−780	−1 150													
1 120	1 250			−260	−580	−840	−1 300													
1 250	1 400		−140	−300	−640	−960	−1 450													
1 400	1 600			−330	−720	−1 050	−1 600													
1 600	1 800		−170	−370	−820	−1 200	−1 850													
1 800	2 000			−400	−920	−1 350	−2 000													
2 000	2 240		−195	−440	−1 000	−1 500	−2 300													
2 240	2 500			−460	−1 100	−1 650	−2 500													
2 500	2 800		−240	−550	−1 250	−1 900	−2 900													
2 800	3 150			−580	−1 400	−2 100	−3 200													

注：1. 公称尺寸小于或等于 1 mm 时，基本偏差 *A* 和 *B* 及大于 *IT*8 的 *N* 均不采用。

2. 公差带 *JS*7 至 *JS*11，若 IT_n 值数是奇数，则取偏差 = $\pm\frac{IT_n - 1}{2}$。

3. 对小于或等于 *IT*8 的 *K*、*M*、*N* 和小于或等于 *IT*7 的 *P* ~ *ZC*，所需 Δ 值从表内右侧选取。
例如：18 mm ~ 30 mm 段的 *K*7：Δ = 8 μm，所以 *ES* = −2 μm + 8 μm = +6 μm
18 mm ~ 30 mm 段的 *S*6：Δ = 4 μm，所以 *ES* = −35 μm + 4 μm = −31 μm

4. 特殊情况：250 mm ~ 315 mm 段的 *M*6，*ES* = −9 μm（代替 −11 μm）。

附录4　尺寸≤500 mm轴一般、常用、优先公差带

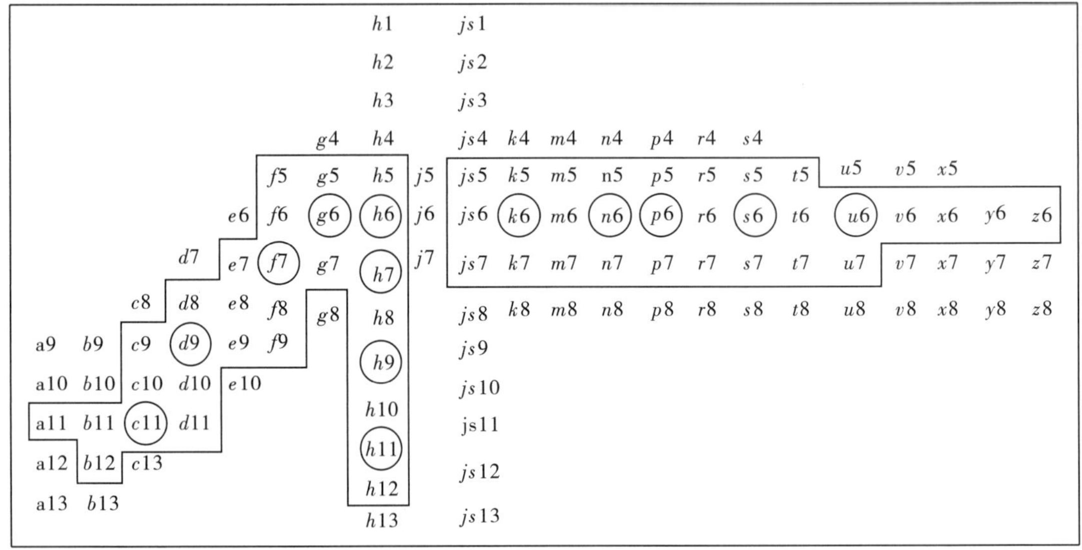

注：带框的为优先公差带。

附录5　尺寸≤500 mm孔一般、常用、优先公差带

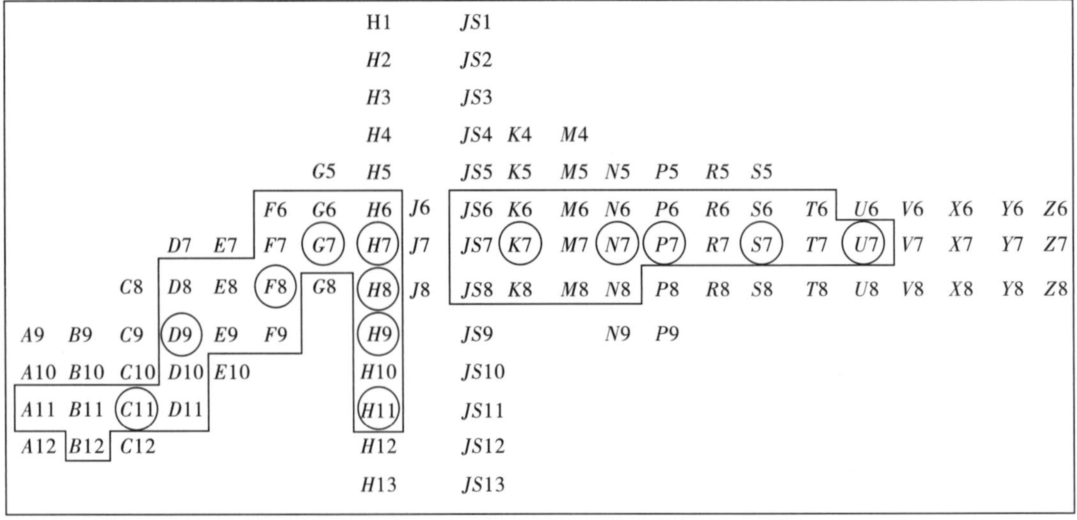

附录 6 标准公差等级的应用

应用	*IT* 等级																			
	01	0	1	2	3	4	5	6	7	8	9	10	11	12	13	14	15	16	17	18
量块	—	—	—																	
量规			—	—	—	—	—	—	—											
配合尺寸							—	—	—	—	—	—	—	—	—					
特别精密零件的配合				—	—	—	—													
非配合尺寸														—	—	—	—	—	—	—
原材料公差										—	—	—	—	—	—	—				

附录 7 公差等级的应用范围

公差等级	适用范围	应用举例
*IT*5	用于仪表、发动机和机床中特别重要的配合，加工要求高，一般机械制造中较少应用。特点是能保证配合性质的稳定性	航空及航海仪器中特别精密的零件；与特别精密的滚动轴承相配的机床主轴和外壳孔，高精度齿轮的基准孔和基准轴
*IT*6	应用于机械制造中精度要求很高的重要配合，特点是能得到均匀的配合性质，使用可靠	与 *E* 级滚动轴承相配合的孔、轴径，机床丝杠轴径，矩形花键的定心直径，摇臂钻床的立柱等
*IT*7	广泛用于机械制造中精度要求较高、较重要的配合	联轴器中带轮、凸轮等孔径，机床卡盘座孔，发动机中的连杆孔、活塞孔等
*IT*8	机械制造中属于中等精度，用于对配合性质要求不太高的次要配合	轴承座衬套沿宽度方向尺寸，*IT*9 至 *IT*12 级齿轮基准孔，*IT*11 至 *IT*12 级齿轮基准轴
*IT*9 ~ *IT*10	属较低精度，用于对配合性质要求不太高的次要配合	机械制造中轴套外径与孔，操纵件与轴，空轴带轮与轴，单键与花键
*IT*11 ~ *IT*13	属低精度，只适用于基本上没有什么配合要求的场合	非配合尺寸及工序间尺寸，滑块与滑移齿轮，冲压加工的配合件，塑料成形尺寸公差